U0063075

Wonders of
the **Cosmos**

窥探宇宙深处
从黑洞到地外生命

《环球科学》杂志社 编

机械工业出版社
CHINA MACHINE PRESS

地球位于银河系的偏远角落，而银河系也只是宇宙中数千亿个星系中普通的一个。自地球上的人类诞生以来，我们就一直在仰望着天空，想要了解广袤的宇宙中那些无穷无尽的奥秘。例如宇宙是如何诞生的？黑洞的内部是什么？我们在宇宙中具体处于什么位置？如何在遥远的外星上寻找地外生命？这些问题看似与我们的日常生活遥不可及，但实际上却与人类的未来命运息息相关。打开本书，跟随科学家一起探索天文学前沿，了解宇宙深处的秘密。

图书在版编目（CIP）数据

窥探宇宙深处：从黑洞到地外生命 / 《环球科学》杂志社编. — 北京：机械工业出版社，2023.6
（环球科学新知丛书）
ISBN 978-7-111-73111-5

Ⅰ.①窥… Ⅱ.①环… Ⅲ.①宇宙—普及读物 Ⅳ.① P159-49

中国国家版本馆CIP数据核字（2023）第077416号

机械工业出版社（北京市百万庄大街22号 邮政编码100037）
策划编辑：蔡　浩　　　　　责任编辑：蔡　浩
责任校对：牟丽英　李宣敏　　责任印制：张　博
北京汇林印务有限公司印刷

2023年7月第1版第1次印刷
148mm×210mm·7印张·131千字
标准书号：ISBN 978-7-111-73111-5
定价：69.00元

电话服务　　　　　　　　　　网络服务
客服电话：010-88361066　　机　工　官　网：www.cmpbook.com
　　　　　010-88379833　　机　工　官　博：weibo.com/cmp1952
　　　　　010-68326294　　金　书　网：www.golden-book.com
封底无防伪标均为盗版　　机工教育服务网：www.cmpedu.com

前　言

神秘的宇宙

─────

　　天文学家卡尔·萨根（Carl Sagan）在美国公共电视台历史上收视率最高的节目中说："地球是广阔宇宙中一个非常小的舞台……在宇宙无际的黑暗中，我们的星球只是一个孤独的斑点。"这档 1980 年播出的《宇宙》系列电视科普节目给我们留下的难以磨灭的印象之一就是——我们对身处的宇宙还有很多不了解的地方。事实上，人类的头脑甚至可能无法理解是什么产生了现在的所有物质，因为我们可能是生活在十维世界中的三维生物。

　　好消息是，我们对宇宙的认识正在逐渐变得清晰。在本书中，我们展示了很多宇宙中最引人入胜的发现，从我们对宇宙起源和空间结构的了解，到宇宙中最奇异的现象及人类永恒的问题：我们在宇宙中是唯一的吗？

　　回到最开始对宇宙的认知问题：尼亚耶什·阿弗肖迪（Niayesh Afshordi）、罗伯特·B.曼（Robert B. Mann）和拉兹·帕哈桑（Razieh Pourhasan）最近的计算研究暗示可能存在一个原初宇宙——在大爆炸之前就存在的四维空间，最终发生爆炸形成视觉投影，由此产生的图像可能就是我们今天看到的宇宙。另一种可能性是，在大爆炸后宇宙的初始膨胀过程中，产生了众多泡泡宇宙，而我们的宇宙只是其中的一个。

同样令人难以置信的是：研究人员推测，纠缠的黑洞可以作为宇宙空间中的虫洞走廊。我们在宇宙中发现了地球上并不存在的奇特分子，以及可以撕裂恒星的巨大黑洞。宇宙存在某个突然爆发的过程，但在生命诞生之后可能就停止了。地球是否是唯一拥有动物、植物和微生物的地方，这仍然是一个未解之谜，但我们正在搜寻宇宙中的宜居行星和卫星以寻找生命的迹象。

这些故事听起来似乎既庞大又模糊，但我们比我们所知道的更有能力也更有资格去理解它。"我们是由星尘组成的，"卡尔·萨根说，"认识宇宙也是认识我们自己的一种方式。"

安德烈娅·加列夫斯基
（Andrea Gawrylewski）

目　录

窥 探
宇 宙
深 处

从黑洞到地外生命

第 1 章

宇宙始于
何处？

时间始于黑洞

————

大爆炸以及由大爆炸产生的宇宙万物，可能是异度空间的全息投影？

尼亚耶什·阿弗肖迪（Niayesh Afshordi）
罗伯特·B.曼（Robert B. Mann）
拉兹·帕哈桑（Razieh Pourhasan）
易疏序　译

古希腊哲学家柏拉图在他的作品《洞穴寓言》（Allegory of the Cave）中，描述了这样一群囚徒：他们终生居住在一个黑暗洞穴中，脖子和脚被锁住，无法环顾四周，只能面向洞穴岩壁。在囚徒身后，有一堆篝火。在篝火与囚徒之间，有着形形色色的物体，火光将那些物体的影子投射到囚徒眼前的岩壁上。这些二维影子就是囚徒们所能看到的全部，他们认为这就是现实世界。但真实情况是，世界要比他们认为的二维世界多出一个维度，锁链让他们无法回头看到这个真实的世界。这个不为囚徒所知的额外维度，精彩而复杂，可以解释他们在岩壁上看到的一切。

柏拉图的这一寓言，可能说出了我们的真实处境。

我们也许正生活在一个巨大的宇宙洞穴中，这个洞穴在万物之初就出现了。按照标准说法，宇宙是由一个密度无限大的点经过大爆炸而产生的。但通过最近开展的一些计算工作，我们可能会将宇宙的诞生追溯到大爆炸之前的纪元，那时的空间要比现在的宇宙空间多出一个维度。即将开展的天文观测可能会找到这个"原初宇宙"（protouniverse）留下的一些蛛丝马迹。

以往的经验告诉我们，宇宙有 3 个空间维度和 1 个时间维度，我们将这种几何结构定义为"三维空间宇宙"。但在我们的新宇宙模型里，这个三维宇宙不过是一个四维宇宙的投影。具体来说，我们整个宇宙诞生于四维宇宙的一次恒星塌缩。这次塌缩在四维宇宙中产生了一个四维黑洞，黑洞的三维表面就是我们生活的宇宙。

我们为什么要提出这样一个听起来很荒诞的理论？这有两个理由。

首先，我们的理论并非异想天开，而是有坚固的数学基础，可以正确描述时空。过去几十年，物理学家发展出了完善的全息理论（theory of holography）。他们有一套数学工具，可以将某个维度上的物理过程转而在另一个维度上描述。举例来说，二维空间中的流体动力学方程相对简单，研究人员就可以解出方程，并利用这些二维解来理解一些更复杂的系统，比如三维黑洞的动力学过程。在数学上来说，这两种描述是相通的——我们可以用流体来完美类比难以捉摸的黑洞。

全息理论的成功使很多科学家相信，它可能是一个深层次、根本性的理论，而不仅仅是一个数学变换那么简单。或许，不同维度之间的界限，并不像我们想象得那么难以逾越；或许，宇宙基本原理存在于另一个维度，然后被转换到我们看到的这个三维世界中；或许，就像柏拉图的寓言一样，日常经验欺骗了我们，让我们误以为世界是三维的，只有当我们把目光投向第四个维度时，一切才会豁然开朗。

其次，通过严谨地研究四维宇宙，或许可以帮助我们了解宇宙的本质，回答宇宙起源之谜，比如创世的闪光——大爆炸之谜。现代宇宙学认为，在大爆炸之后，宇宙紧接着进入了空间极速膨胀的时期——暴胀（inflation）时期，在此期间早期宇宙的体积增加了 10^{78} 倍以上。不过，暴胀学说仍没能回答，是什么导致了大爆炸。相比之下，四维宇宙模型回答了这个终极谜题：宇宙究竟从何而来？

已知与未知的宇宙

我们研究四维宇宙正是为了解决三维宇宙中存在的问题。现代宇宙学已经取得了巨大的成功，但在成功的光环下却隐藏着深刻而复杂的谜团。对这些谜团的求索，让研究人员想到了全息理论。

宇宙学家用几个简单的方程（其中最重要的几个是爱因斯

坦提出来的）和 5 个基本参数，就能描述整个宇宙的历史——从今天一路回溯到大爆炸后的一刹那。这 5 个基本参数为：普通物质、暗物质和暗能量各自的相对能量密度，以及早期宇宙量子涨落的振幅和能谱指数。[○]他们用一个标准的宇宙学模型——Λ 冷暗物质（lambda Cold Dark Matter，Λ–CDM）模型，描述了数百个甚至可能是数千个观测数据点，这些数据覆盖的空间尺度从百万光年到百亿光年，到达了可观测宇宙的边缘位置。不过，观测上的成功并不代表我们对宇宙的研究已经大功告成了。研究人员推测的这一宇宙演化版本，仍然有很多令人感到棘手的漏洞。我们遇到了有关宇宙本质的最根本问题，而且到目前为止，我们仍无法对这些问题做出解答。

问题一：我们并不理解这 5 个参数

让我们来想想宇宙中物质和能量的密度吧。哪怕只是数十年以前，天文学家都还相信，普通物质（元素周期表里的那些元素构成的物质）是宇宙质量（能量）的主要形式[○]。后来的宇宙学观测彻底颠覆了这个观念，这也带来了 3 个诺贝尔奖。我们现在知道，在宇宙全部能量密度中，普通物质只占约 5%，暗物质则占到了约 25%。暗物质是一种未知的物质形式，科学家通过引力

○ 一般还会加上宇宙再电离的光深度。——编者注
○ 根据爱因斯坦质能方程，质量与能量是等价的。——编者注

作用推测出了它们的存在。宇宙中剩下的约 70% 是暗能量，普通物质的引力作用理应让宇宙的膨胀减慢，而暗能量这种神秘的东西却加速了宇宙的膨胀。暗物质和暗能量是什么？它们为何能占据 25% 和 70% 的宇宙成分？这些问题我们不得而知。

如果我们能更好地理解大爆炸，也许就能知道这些问题的答案了。在一团由光和粒子组成的、温度高达 10^{27}℃ 的等离子体中，时间和空间突然出现。很难想象，在这种极端情况下创生的宇宙，居然会演化成我们今天所看到的这种情形——温度几乎处处相同，在大尺度上具有平直的空间曲率（在这样的空间曲率下，三角形的内角和是 180°）。

暴胀可能是让我们理解宇宙大尺度结构的最好假说了。暴胀能"拉直"宇宙，抹平时空的弯曲部分，让宇宙的温度变得均匀。就像宇宙放大镜一样，暴胀也把宇宙初期微小的能量密度量子涨落放大到宇宙学尺度。这些涨落最终变成大尺度结构的种子，也就是星系、恒星、行星和包括我们在内的生命的种子。

暴胀学说是一个被广泛接受的成功理论。数十年来，宇宙学家通过观测宇宙微波背景辐射（cosmic microwave background，CMB）来检验暴胀学说的各种预言。CMB 记录了早期宇宙的密度扰动情况。欧洲空间局（European Space Agency，ESA）的普朗克卫星最近的观测结果，证实了我们的宇宙是平直（或者非常接近平直）而且均匀的（各向异性不超过六万分之一）——这两点都是暴胀学说的重要预言。此外，人们认为原初物质涨落是暴胀将量子涨落放大得来的，卫星观测到的原初物质的涨落功率谱和幅度，与理论预期符合得非常好。

问题二：我们并没有真正理解暴胀

我们可能会问：是什么促使暴胀的发生？如何提供这么大的能量？在我们的想象中，在大爆炸结束后极短的时间内，宇宙充满了能量，这些能量以一种假想粒子的形式存在，即"暴胀子"（inflaton）。最近，科学家通过欧洲核子研究中心（CERN）的大型强子对撞机（LHC）发现的希格斯粒子（Higgs particle），与"暴胀子"这一假想粒子有很多相似的性质，可能是"暴胀子"的候选者之一。"暴胀子"不仅能解释宇宙早期的加速膨胀，也能解释如今的宇宙结构，因为在早期宇宙中，"暴胀子"场能量的微小量子涨落，是唯一能导致显著的能量密度差异的机制。

不过，"暴胀子"并不能解决我们的问题，它只是把问题又向前推进了一步。我们不知道"暴胀子"的性质，不知道它从何而来以及如何找到它，我们甚至不确定它是否真的存在。

此外，物理学家不知道暴胀是如何自然地停止的——这就是所谓的"优雅退场疑难"（graceful exit problem）。如果一种能量场驱动宇宙进行指数级膨胀，那么，是什么让这个能量场突然"关闭"？同时，在 Λ–CDM 模型中，5 个宇宙学参数中的一些参

大爆炸之前

在传统宇宙学中，大爆炸始于一个奇点，这个密度无穷大的点产生了整个宇宙。奇点玄而又玄，一切已知的物理定律在此都会失效，很难想象这样一个点会产生我们今天看到的宇宙。与传统理论不同，本文作者提出，在一个四维宇宙中，一颗四维恒星

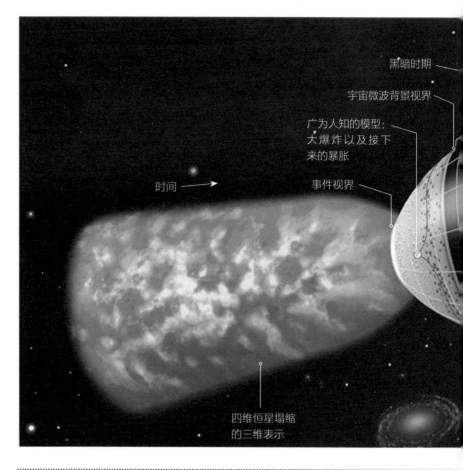

黑暗时期

宇宙微波背景视界

广为人知的模型：大爆炸以及接下来的暴胀

时间 →

事件视界

四维恒星塌缩的三维表示

塌缩形成四维黑洞时，产生了我们的宇宙。一个三维的事件视界把我们的宇宙与这个黑洞的奇点分隔开。我们只能用三维宇宙将这一过程描述出来，因为没有人知道四维宇宙是什么样子。

第一代恒星
诞生

表示三维宇宙
的卷曲二维面

插图：George Retseck

数必须被精确地调整到当前数值，否则我们观测到的宇宙会面目全非。但对于这 5 个参数的起源，我们也没有一个令人信服的解释。并且，对于暴胀发生之前的宇宙——宇宙诞生的最初万亿亿亿亿分之一秒（10^{-36} 秒）内，我们也没有一个确定的描述。

问题三：我们不理解大爆炸是如何开始的

宇宙学领域最大的挑战是，如何理解大爆炸本身的性质：在一个密度无穷大的点——奇点（singularity），一切时间、空间、物质突然剧烈地喷薄而出。奇点是一个令人难以理解的"怪物"，时间和空间蜷曲于其中，在那里根本无法分辨过去和未来，一切物理定律也都失效。奇点是一个没有秩序、没有规则的宇宙。从奇点中跳出任何东西，在逻辑上都是成立的。但从奇点中跳出来一个像我们看到的宇宙一样有秩序的宇宙，是不太可能发生的。

我们能够想象的情形是，从奇点中有可能跳出一个高度混乱的宇宙，那个宇宙的温度有剧烈的空间涨落，也就是说，在宇宙空间中，不同点的温度有着巨大的差异。而且，那个宇宙里的暴胀可能不能将这些涨落抹平。事实上，如果温度的涨落太大的话，暴胀可能都没有机会发生。因此，奇点的问题不能全靠暴胀来解决。

奇点虽然奇怪，但并非极其罕见，我们在另一个地方——黑洞的中心，也能瞥见其魅影。黑洞是巨星塌缩后的残骸。所有的恒星都是核聚变反应炉，在那里，轻元素（主要是氢）聚合成重元素。核聚变过程提供了恒星一生的大部分能量。不过最终，核燃料耗尽，引力开始起主宰作用。在引力作用下，一颗比太阳至少重 10 倍的恒星会发生塌缩，然后引爆超新星爆发。如果恒星质量再大一些，达到 15~20 个太阳质量或者更大的质量，超新星爆发结束后会留下一个致密的核心，这个核心会失控地塌缩，形成黑洞。

黑洞是一片连光线都无法逃脱的空间区域，而光速是任何形式的物质可以达到的速度上限，因此任何物质只要跨过了黑洞的边界——一个被称为事件视界（event horizon）的二维面，便有去无回。一旦恒星物质或是其他什么东西落入了这个边界，便与宇宙中的其他部分切断了联系，被无情地拉向黑洞中心的奇点。

正如在宇宙大爆炸奇点处，物理定律会失效，在黑洞的奇点处，已知的物理规律同样不再适用。与大爆炸不同的是，黑洞的奇点被视界包围着。视界就像是一层坚固的包装纸，防止任何奇点信息泄露出去。黑洞的视界挡住了黑洞外部的观察者，使他们无法观察到奇点那些不可思议的性质——这就是所谓的宇宙监督假设（cosmic censorship）。

奇点被视界包裹，这一点十分重要，这使得我们能够用熟悉的物理定律来描述和预测我们所能观测到的世界。对于一个远处的观察者而言，黑洞具有简单、光滑、均匀的时空结构，因此仅仅用质量、角动量以及电荷就可以充分描述了。物理学家把这戏称为"黑洞没有毛"——除了质量、角动量和电荷之外，就没有可以区分不同黑洞的细节了。

与黑洞中的奇点相反，大家普遍认为，大爆炸的奇点没有被包裹，它没有事件视界。我们也希望有一种方法，比如存在某种类似视界的东西，能够把这个令人不舒服的奇点与我们隔离开。

我们的理论正是提供了这样一个方法，在这个理论中，宇宙大爆炸其实是一个幻景。我们的理论可以将大爆炸的奇点包裹起来，正如事件视界将黑洞奇点包裹起来一样。这样我们就避开了可怕的大爆炸奇点。

四维宇宙中的黑洞

与普通的事件视界相比，大爆炸奇点的"隐身斗篷"有一个关键的不同之处。因为我们感知到的这个宇宙有 3 个空间维度，因此遮蔽宇宙大爆炸中心奇点的东西也应该是三维的，而不应该像视界一样是二维的。黑洞的二维事件视界是三维空间的恒星塌缩产生的，那我们也可以做出这样一种假设：遮蔽大爆炸奇点的三维事件视界，应该是四维宇宙里的恒星塌缩产生的。

额外维理论要求空间维数超过直观的三维，这一想法的提出时间几乎与广义相对论一样久远。它最早由特奥多尔·卡卢察（Theodor Kaluza）于 1919 年提出；在 20 世纪 20 年代，奥斯卡·克莱因（Oskar Klein）进一步扩展了这一理论。但在此后的半个多世纪里，他们的想法几乎被人们遗忘了，直到 20 世纪 80 年代才被研究弦论的物理学家重新拾起。最近，科学家利用额外维的思想建立了所谓膜世界（brane worlds）的宇宙学理论。

膜世界理论的基本思想是，我们的三维宇宙是一个子宇宙，被嵌在一个更大的四维（甚至更高维）空间中。这个三维宇宙被称为膜（brane），它所嵌入的大宇宙被称为体（bulk）。我们所知的所有物质和能量形式都被束缚在这个三维膜之上，如同电影投影到银幕上——就像柏拉图寓言中，洞穴中的囚徒认为，岩壁上的投影就是真实世界。但引力例外，引力能渗透到更高维的"体"之中。

让我们来考虑一下"体"——有四个空间维度的超宇宙，它可能在大爆炸之前就已经存在。我们可以想象，这个四维超宇宙中充斥着四维恒星和四维星系。当这些高维恒星耗尽燃料，就会像我们的三维恒星一样塌缩成黑洞。

四维黑洞是什么样子的？它也会有一个事件视界，一个有去无回的边界，一旦落入其中连光子都无法逃脱。有所不同的是，普通黑洞的视界是二维的，四维黑洞则会产生一个三维的事件视界。

在模拟了四维恒星的塌缩过程之后，我们发现，在很多情况下，四维恒星塌缩过程中抛射出的物质的确会在三维事件视界的周围形成一个缓慢扩张的三维膜。我们的宇宙就是这个三维膜，是一个即将塌缩成黑洞的四维恒星的全息图。宇宙大爆炸的奇点被三维事件视界永远遮挡着。

四维宇宙真实吗？

我们的模型有很多优势，首先它避免了宇宙诞生时的裸奇点。不过，对于那些长久以来困扰人们的宇宙学难题，比如宇宙为什么会有近乎平直的空间曲率和高度均匀性，我们的模型能否解决呢？由于四维体宇宙可能已经存在了无限长的时间，经过足够长的时间后，体宇宙中任何的热点和冷点都达到了平衡。如此一来，四维体宇宙就变得光滑，我们的三维膜宇宙也相应继承了这种光滑性。其次，四维黑洞几乎没有任何细节特征（"无毛"），因此我们的三维膜宇宙也应该是光滑的。四维恒星的质量越大，三维膜就越平坦。我们宇宙之所以平坦，是因为它是一颗大质量四维恒星的塌缩遗迹。

这样，我们这种全息论的大爆炸模型，不仅没有用暴胀就解决了均匀性和平坦性难题，而且避免了宇宙大爆炸起始的裸奇点。

这个想法听起来或许很疯狂，不过有几种方法可以用来检验它。其中一种方法是研究宇宙微波背景辐射。在我们三维膜宇宙之外，可能存在着一些额外的四维体物质——它们是被四维黑洞的引力拉过来的。这些额外物质的热涨落会在三维膜宇宙上造成涨落，从而给宇宙微波背景辐射带来微小但可探测的扰动。我们的计算结果和欧洲空间局普朗克卫星的最新观测结果有 4% 的差异。不过，这个差异可能是由我们尚未正确建模的次级效应造成的。

此外，如果四维黑洞有自旋（黑洞有自旋非常常见），那么我们的三维宇宙就不会在各个方向上看起来都是相同的。在不同方向上，我们宇宙的大尺度结构会稍有不同。天文学家或许可以通过细致地研究宇宙微波背景辐射来发现这种方向性。

当然，即便全息理论解决了我们宇宙的起源这个最大的问题，它也会带来一系列的新问题，其中最重要的一个问题就是：我们宇宙的母宇宙从何而来？

为了回答这个问题，我们也许要再一次从柏拉图那里找寻灵感。当柏拉图寓言中的囚徒走出洞穴时，太阳会灼伤他们的眼睛，他们需要时间来适应洞外明亮的世界。起初，囚徒们只能辨认出影子，不久他们就能够看到月亮和星星。最终，他们会得出结论：太阳是"我们所看得到一切事物的创始者"，包括白天、黑夜、四季和影子。柏拉图寓言中的囚徒们无法理解太阳背后的力量，正如我们无法理解四维体宇宙一样。不过，我们至少已经知道该去哪里寻找答案了。

黑洞点亮宇宙？ ^一

大爆炸之光闪过后不久，宇宙陷入一片黑暗。
大约十亿年后，宇宙又重返光明。
天文学家正在努力解开其中的秘密。

迈克尔·D. 勒莫尼克（Michael D. Lemonick）
李时雨　译　　张同杰　审校

大约 138 亿年前，大爆炸之后刚刚 38 万年左右，宇宙突然陷入黑暗之中。在此之前，整个可见的宇宙是炽热、沸腾、翻滚的等离子体—— 一团由质子、中子和电子组成的致密云。如果有人能够在那一时刻观看这一景象，就会发现宇宙就像一团浓雾，但明亮耀眼。

大爆炸之后约 38 万年，膨胀的宇宙冷却至能够形成中性氢原子的状态，被称为"复合"（recombination）。大爆炸之后的浓雾散去，宇宙持续降温，一切都迅速沉入黑暗之中。在超乎人类想象的绚烂大爆炸之后，宇宙进入了"黑暗时期"（dark ages）。

一　本文写作于 2017 年。

当时的宇宙确实异常黑暗。即使第一代恒星开始燃烧，依然毫无变化，因为恒星光谱中最明亮的紫外光部分，恰恰是新形成的氢原子气体最容易吸收的波段。宇宙从最初的明亮高温变得黑暗冰冷。

黑暗终将消散，但它是如何消散的这一问题在很长一段时间里都令天文学家百思不得其解。也许是因为后来形成的第一代恒星发出强烈的光，逐渐将氢原子电离——这一过程称为"再电离"（reionization）；还有一种观点认为，热气体陷入巨大的黑洞中会产生强烈的辐射，辐射中的能量激发了周围气体的再电离。

想要搞清楚再电离是如何发生以及何时发生的，关键是要找到宇宙中最古老的天体，并试着弄清楚它们的特性和起源。第一代恒星是什么时候开始形成的？它们是什么形态？单个的恒星是如何聚集形成星系的？为什么几乎每个星系的中心都有一个超大质量黑洞？这些超大质量黑洞又是如何形成的？在从恒星到星系，再到黑洞的形成过程中，再电离在什么时刻发生？这一过程是渐进的还是突然完成的？

自 20 世纪 60 年代以来，天体物理学家提出了许多诸如此类的问题。但直到最近，望远镜和计算机模型发展得足够强大，才使我们能够借助它们寻找一些答案：利用计算机模型可以模拟宇宙中第一代恒星的诞生和演化，利用望远镜可以观测到大爆炸之后不到五亿年的光——此时的第一代星系正处于婴儿时期。

宇宙的第一个十亿年

大爆炸刚刚 38 万年后——对于宇宙的时间尺度而言不过是弹指一瞬间，宇宙的温度降低，氢原子逐渐形成，整个宇宙陷入一片黑暗。大约十亿年后，宇宙被完全再电离——辐射将原子吹散，扫清了光线传播的道路。但是哪些天体为再电离提供了能量呢？是恒星，星系抑或是类星体中心的黑洞？

大爆炸

暴胀

粒子形成

复合
（大爆炸之后38万年）

再电离时期
宇宙中的第一代恒星闪烁着明亮光芒，它们的光谱能量主要分布在紫外波段。但弥漫在宇宙中的中性氢原子气体会吸收紫外光。光最终会使氢原子电离。但是，这一过程发生在什么时候、经历了多久、是什么导致了这个现象，一直是未解之谜。

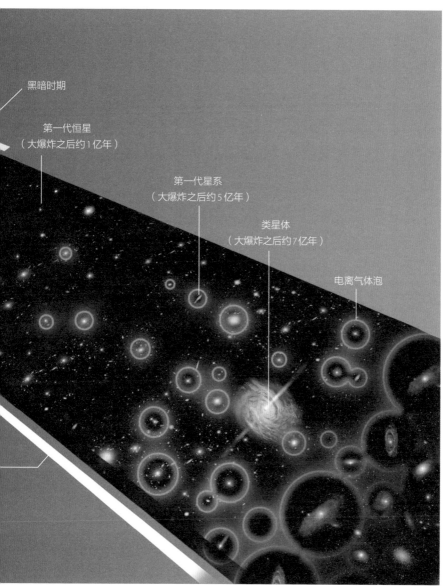

黑暗时期

第一代恒星
（大爆炸之后约1亿年）

第一代星系
（大爆炸之后约5亿年）

类星体
（大爆炸之后约7亿年）

电离气体泡

插图：Moonrunner Design

超大质量恒星

进入 21 世纪后，天文学家相信，对第一代恒星是怎样诞生的，他们已经有了较深入的了解。在复合时刻之后不久，充斥在宇宙中的大部分氢原子均匀地散布在宇宙空间。与此相反，暗物质，也就是物理学家认为目前尚未证实的、不可见的粒子，开始聚集在一起，形成一团云（即所谓的晕），质量大约为 10 万至 100 万个太阳质量。晕的引力作用吸引着氢原子气体。当气体变得越来越集中时，温度逐渐升高，最终被点燃，发出光芒，诞生了宇宙中的第一代恒星。

理论上，第一代恒星——天文学家称之为星族Ⅲ恒星（第三星族星），应该是能够"撕碎"氢原子气体，使宇宙发生再电离的。但在很大程度上，这一事件能否发生取决于这些恒星的具体情况。如果它们的亮度不够，或者存在时间不够长，就可能无法完成这项任务。

这些恒星的情况如何，主要取决于它们的质量。十几年前，天文学家认为，第一代恒星都是庞然大物，每颗恒星的质量大约是太阳质量的 100 倍。究其原因，是气体在引力的作用下坍缩，温度由此升高。高温会产生辐射压，其作用与引力作用正好相反，这意味着，除非恒星可以散发掉一部分热量，否则坍缩将会停止。第一代恒星大部分由氢元素组成，很不利于热量的散发。

（像太阳这样的恒星含有少量但是很关键的元素，例如氧和碳，这些元素可以起到降温作用。）因此，早期宇宙中的原初恒星会不断积累氢原子气体，但过高的辐射压会阻止致密核的形成，这样就无法触发核聚变反应，无法将恒星周围的很多气体吹散到宇宙空间。因此，恒星只能"狼吞虎咽"，吸积越来越多的气体，直到形成一个大质量的、弥散的核。

然而，哈佛大学的博士后研究员托马斯·格雷夫（Thomas Greif）说："事情看起来并非那么简单。"格雷夫构建了最精密的模型，来模拟早期恒星的形成。最新的模拟不仅包含引力，还有描述当氢原子气体坍缩、受到的压力不断增大时，氢原子气体会有何种反应的方程。事实证明，氢原子气体在坍缩时可以有许多不同的表现方式。在某些情况下，第一代恒星可能是质量数百万倍于太阳的恒星；而在其他情况下，坍缩的氢原子气体也可能裂开，形成数颗质量仅为几十个太阳质量的恒星。

第一代恒星质量不同，寿命也会有显著的不同，这也意味着再电离的发生时间也可能很不相同。质量在 100 个太阳以上的超大质量恒星会在数百万年的时间内迅速耗尽燃料。低质量恒星消耗燃料的速度更慢，这意味着，如果再电离是由低质量恒星引起的，那么这将是一个跨越数亿年的漫长过程。

宇宙中的巨大恒星

第一代恒星质量为什么如此之大？在宇宙中，所有恒星都会执行"宇宙平衡指令"——引力试图将它们尽可能地压缩，但恒星内部的气体压力会对抗引力，提供一个向外膨胀的力。对比早期宇宙恒星和现代宇宙恒星形成的过程，我们就可以了解宇宙的第一代恒星的质量为什么会如此大。

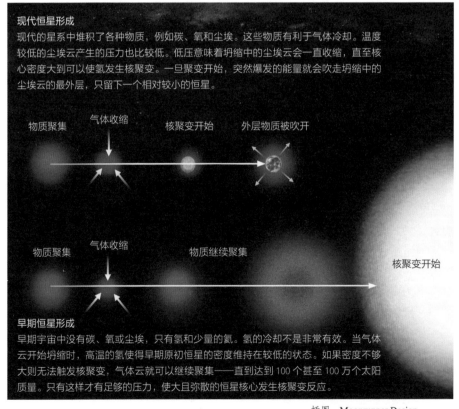

现代恒星形成
现代的星系中堆积了各种物质，例如碳、氧和尘埃。这些物质有利于气体冷却。温度较低的尘埃云产生的压力也比较低。低压意味着坍缩中的尘埃云会一直收缩，直至核心密度大到可以使氢发生核聚变。一旦聚变开始，突然爆发的能量就会吹走坍缩中的尘埃云的最外层，只留下一个相对较小的恒星。

物质聚集　气体收缩　　核聚变开始　　外层物质被吹开

物质聚集　气体收缩　　物质继续聚集　　　　　　核聚变开始

早期恒星形成
早期宇宙中没有碳、氧或尘埃，只有氢和少量的氦。氢的冷却不是非常有效。当气体云开始坍缩时，高温的氢使得早期原初恒星的密度维持在较低的状态。如果密度不够大则无法触发核聚变，气体云就可以继续聚集——直到达到 100 个甚至 100 万个太阳质量。只有这样才有足够的压力，使大且弥散的恒星核心发生核聚变反应。

插图：Moonrunner Design

耀眼的类星体

大质量恒星会在坍缩成黑洞之前，以超新星爆发的形式结束生命。相对于恒星，恒星爆发后产生的黑洞也许会为再电离的发生提供更多的能量。

黑洞贪得无厌地吞噬着周围的气体，气体落入黑洞后会被压缩并加热到数百万℃。这个温度实在太高，以至于大多数气体最终消失于黑洞之中时，还有一些会以喷流的形式回到宇宙空间。喷流会发出极其明亮的光芒，即使横跨半个宇宙仍然可以观测到——我们称这些犹如灯塔一样的天体为类星体（quasar）。

从20世纪60年代到90年代，类星体是探测早期宇宙的唯一"探针"。起初，天文学家根本不知道它们是什么。类星体看起来像邻近的恒星，但有着很大的红移。（宇宙膨胀会使天体发出的光波长被拉长，由于红光的波长比蓝光的长，因此光谱的谱线会朝红端移动一段距离，被称为红移。天体距离和红移数值之间有着粗略的正相关，即红移越大，距离越远。）类星体的红移非常大，这表明类星体比我们能够探测到的任何单独的恒星都要远很多，并且超乎想象地明亮。第一个被发现的类星体是3C 273，红移为0.16，这意味着它所发出的光线在宇宙中穿行了20亿年才被我们探测到。

在那以后，人们很快又发现了红移高达2的类星体。这意味着它的存在时间可能超过 100 亿年。1991 年，马腾·施密特（Maarten Schmidt）、詹姆斯·E. 冈恩（James E. Gunn）和唐纳德·P. 施奈德（Donald P. Schneider）在加利福尼亚州帕洛玛天文台一起发现了红移高达 4.9 的类星体，也就是说，这个类星体诞生于 125 亿年前。

然而，对红移为 4.9 的类星体进行分析之后，科学家并没有发现光线被中性氢吸收的证据。显然，在这个类星体的光开始传播之前，宇宙就已经完成了再电离过程。

20 世纪 90 年代中后期，人们都没能再找到比红移 4.9 更远的类星体。这并不是因为缺乏强大的设备（哈勃空间望远镜和夏威夷莫纳克亚山的凯克望远镜在 20 世纪 90 年代初期都已投入使用，显著提高了天文学家深度观测宇宙的能力），而是因为类星体非常罕见。只有超大质量黑洞中质量最大的那一类才会爆发喷流。从我们的角度来看，除非气体喷流的方向碰巧直接朝向地球，否则我们根本探测不到类星体的光。

此外，只有当黑洞处于活跃地吞噬气体的状态时，这些喷流才会出现。对于大部分这类黑洞，其红移值大多位于 2~3 之间——那时，星系中的气体要比现在多。如果观测比这更早的宇宙，你会发现类星体的数量急剧下降。

直到 2000 年，斯隆数字巡天（Sloan Digital Sky Survey，SDSS）项目开始用当时最大的数字探测器对全天大片区域进行

搜寻类星体

　　类星体是早期宇宙中最明亮的天体，它们就像宇宙中的灯塔一样，即便远在 100 多亿光年之外，天文学家也可以观测到它们。当光线从类星体传播到我们的望远镜时会发生两件事：第一，在传播过程中，光的波长会随宇宙的膨胀而被拉伸；第二，任何氢原子气体都会吸收一些光线。因此，天文学家可以得到不同波长的光的吸收谱线，进而推测氢原子气体是如何随时间演化的。然后，他们就可以根据这些结果来追溯宇宙再电离的历史。

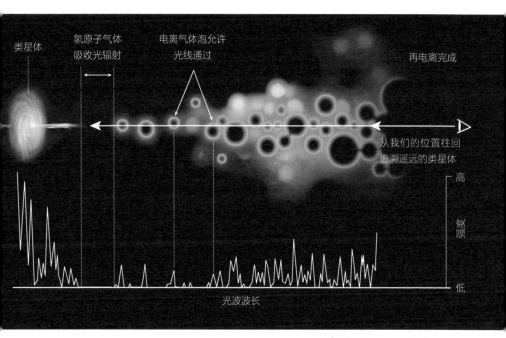

插图：Moonrunner Design

巡天，最远类星体的记录才真正被打破（探测器仍由发现红移4.9类星体的冈恩设计，当时他在普林斯顿大学工作）。"斯隆在寻找遥远的类星体时，取得了令人难以置信的成功，"加州理工学院的天文学家理查德·埃利斯（Richard Ellis）说，"他们发现了四五十个红移超过5.5的类星体。"

但斯隆数字巡天只找到了少数红移在6~6.4之间的类星体，无法探测到更远的类星体，即使红移到了6.4，依旧没有探测到任何中性氢的迹象。直到莫纳克亚山的UKIRT红外深度巡天（UKIRT Infrared Deep Sky Survey）发现了一个红移为7.085的类星体，天文学家终于在这个类星体的光谱中发现了氢原子阻碍类星体的光通过的迹象——虽然很少、但很明显的紫外吸收谱线。这个类星体被命名为ULAS J1120+0641，形成于大爆炸后约7.7亿年，其耀眼的光芒终于让天文学家看到了宇宙再电离过程的冰山一角，但也仅仅是冰山一角，因为即使这个类星体已经非常接近大爆炸的时刻，但在那时，大部分中性氢也已经被破坏了。

事实也可能不是这个样子。或许是因为这个类星体处于一个不寻常的、中性氢留存得很少的区域，而与它处于相似距离的其他类星体，大多数都被更多的中性氢笼罩着。还有一种可能是，类星体ULAS J1120+0641位于中性氢特别密集的区域，而再电离过程基本上已经完成了。如果没有更多的例子，天文学家也无法确定这个类星体处于怎样的一种情形，但要在这个距离找到足够的类星体做可靠的统计分析，几乎是很难实现的。

但不管怎样，对天文学家来说，类星体 ULAS J1120+0641 都可以告诉他们很多信息。"类星体的数量随距离的增大而急剧减少，从这一点来说，大质量黑洞的辐射不大可能是宇宙再电离的主要能量来源。"另一方面，如果要产生这个类星体，那黑洞的质量得相当于 10 亿个太阳，这样才能产生足够强的能量，让我们在这么远的地方能够探测到。"宇宙才形成不久，在如此有限的时间内，这个黑洞是怎么形成并做到使宇宙再电离的，我们简直没办法理解。"埃利斯说。

然而它确实做到了。哈佛大学天文系主任亚伯拉罕·勒布（Abraham Loeb）指出，如果相当于 100 个太阳质量的第一代恒星在大爆炸之后数亿年坍缩成黑洞，再加上合适的条件，是可以在这个时间内形成类星体的。"但是，黑洞需要一直有'食物供给'。"他说，很难想象这一点是如何做到的。"它们明亮万分，产生大量的能量把周围的气体吹走。"如果附近没有气体供给，类星体会暂时变暗，让气体再次凝聚，直到类星体再次发光复活；随后，再次吹走气体。"所以存在一个循环的概念，"勒布说，"黑洞只能在一小段时间里成长。"

然而，黑洞也可以相互并合，进而增大，这将加速它们的成长过程。此外，关于恒星大小的最新研究表明，那些形成最初的黑洞的恒星可能不只有 100 个太阳质量，而是有一百万个太阳质量——2003 年，勒布与合作者共同撰写的一篇文章首次提出了这一想法。勒布说，"这已成为流行观点。"这也得到了格雷夫等人所做的模拟研究的支持。"这些恒星几乎与整个银河系一样亮，所以原则上，你可以用詹姆斯·韦布空间望远镜（James Webb Space Telescope）来观测它们。"詹姆斯·韦布空间望远镜作为哈勃空间望远镜的"继任者"，目前定于 2018 年发射。[⊖]

搜寻遥远的星系

尽管搜寻遥远类星体的研究有所减少，但寻找大爆炸之后不久形成的星系的研究却开始活跃起来——星系形成时间距离大爆炸越近越好。这类搜寻工作之所以越来越多，最重要的原因可能与名为"哈勃深场"（Hubble Deep Field）的天文图像有关。这幅图像拍摄于 1995 年，时任空间望远镜科学研究所（Space Telescope Science Institute）所长的罗伯特·威廉姆斯（Robert Williams）利用其办公室特权——"所长自由支配时间"，把哈勃望远镜对准天空中一个明显的空白区域，连续观测了 30 个小时左右，以探测那里是否有人们未能观测到的暗弱天体。"一些非常严谨的天文学家告诉他，这是在浪费观测时间，"现任所长马特·莫顿（Matt Mountain）回忆说，"他们认为，威廉姆斯不会

⊖ 该望远镜于 2021 年 12 月 25 日成功发射。——编者注

发现任何东西。"

事实上，哈勃望远镜拍摄到了几千个很小且很暗淡的星系，其中许多星系最后都被证明是我们能观测到的最遥远的星系之一。后续的深场图像（哈勃极深场）是由哈勃望远镜的第三代广域相机（Wide Field Camera 3，WFC3）拍摄的，这一相机是在2009 年维修哈勃时安装的，效率是之前相机的 35 倍，因此它发现了更多的星系。亚利桑那大学的观测者、埃利斯的长期合作伙伴丹尼尔·斯塔克（Daniel Stark）说："我们一开始找到了四五个红移在 7 以上的星系，到现在，已经观测到 100 多个。"埃利斯、斯塔克和几个合作者在 2012 年的论文中指出，其中一个星系的红移可能至少达到 11.9，也就是说，这个星系是在大爆炸后4 亿年之内形成的。

与保持红移最高纪录的类星体一样，这些"年轻"的星系可以告诉天文学家，在那段时间里，氢原子气体在星际间是如何分布的。当观测者观测星系辐射出的紫外线时，可能会发现很大一部分紫外线被周围的中性氢吸收掉了。星系形成的时间越晚，被氢原子吸收掉的紫外线就越少，直到宇宙诞生后大约 10 亿年，宇宙变得完全透明，氢原子完全被电离，紫外线完全不能被吸收。

简而言之，早期星系的存在不仅为电离辐射提供了能量来源，还揭示了宇宙是如何从中性过渡到完全电离的。当科学家探测到这些星系辐射出的紫外线有所缺失时，就像侦探找到了一把还在冒烟的枪，推测一定会有一个受害者一样，科学家也可以推测出一定会有氢原子被电离。但是，这也存在一个问题。如果我们根据迄今为止发现的 100 多个红移超过 7 的星系来推测整个宇宙的情况，紫外辐射的总强度其实并不足以电离所有的中性氢。在很短的时间内迅速形成一个超大质量黑洞非常困难，考虑到这一点，电离所需的能量自然不可能来自黑洞。当然，答案可能并非那么复杂。这些存在于哈勃观测范围边缘的星系，在我们今天看来相当暗弱，但在宇宙初期，它们可能是最明亮的星系。在相同的距离上，必定还存在很多星系，只是它们太暗弱，以至于现在的望远镜根本探测不到。"如果做出这个合理假设，"埃利斯说，"我想大多数人都会认为，在宇宙再电离的过程中，星系确实起到了非常大的作用。"

引力透镜

至于第一代星系在刚刚诞生时是什么样子，以及它们从什么时候开始对氢原子实施电离，"我们还没研究到那一步，"斯塔克承认，"我们观测到的第一代星系相当小，与那些已经被详细研究过的、在大爆炸之后 10 亿 ~ 20 亿年形成的星系相比，它们看起来年轻得多。"但这些星系已经拥有多达 1 亿颗恒星，修正了红移效应导致的偏差之后，星系中恒星的平均红化程度比一些非常年轻的星系更严重。斯塔克说："这些星系中，恒星形成的时间似乎至少有 1 亿年了。哈勃望远镜把我们带到了接近宇宙诞生之初的地方，让我们可以窥视第一代恒星，而詹姆斯·韦布望远镜投入使用后，会让我们真正看到宇宙诞生之初的情景。"

不过，哈勃望远镜还没有到"退役"的地步。在不能进行长时间曝光的条件下，哈勃望远镜在观测暗弱天体方面确实很容易达到极限。但是，宇宙却为我们提供了一个天然透镜，可以提升哈勃望远镜的观测能力。这就是所谓的引力透镜：大质量天体（如星系团）可以弯曲周围的时空，这种扭曲有时会对更远处的天体产生放大效应。

空间望远镜科学研究所的观测者马克·波斯特曼（Marc Postman）说："特殊情况下，这些星系团可以将自己背后极为遥远的天体成倍放大，使其亮度达到放大前的 10~20 倍。"波斯特曼是哈勃星系团透镜和超新星巡天项目（Cluster Lensing And Supernova survey with Hubble，CLASH）的首席研究员，他所领导的项目组利用引力透镜效应，已经鉴别出 250 个红移在 6~8 之间的星系，其中一些星系的红移可能会达到 11。到目前为止，他们所观测到的结果与其他各种深场巡天得到的结果是一致的。

现在，哈勃望远镜正在观测宇宙更深处：莫顿在他自己的"所长自由支配时间"里，一直致力于一个名为"前沿领域"（Frontier Fields）的新项目。在这个项目中，观测者要在 6 个超大质量星系团的后方寻找遥远暗弱星系的放大影像。未来三年里，"我们要用大约 140 个哈勃轨道时间（每个轨道的有效观测时间约为 45 分钟）来观测每个星系，这将会让我们有机会探索更深处的宇宙，这是我们以前从未观测过的。""前沿领域"项目的首席观测者珍妮弗·洛茨（Jennifer Lotz）说。

脉冲搜索

另一种"宇宙灯塔"——伽马射线暴（gamma-ray bursts，又称伽马暴），也可能帮助科学家更好地探索早期宇宙。伽马射线暴是一种在短时间内爆发的高频辐射，爆发方向是随机的。在 20世纪 60 年代被首次发现之时，伽马射线暴完全是一个谜。如今，天文学家认为，伽马射线暴往往产生于大质量恒星死亡之时：当恒星坍缩，形成黑洞时，它们就会向宇宙喷射伽马射线。

当喷出的伽马射线猛烈冲击周围的气体云时，会激起强烈的可见光、X 射线等其他波段的辐射，被称为伽马射线暴的余辉。地球轨道上的雨燕卫星（Swift Gamma-Ray Burst Mission，全称伽马射线暴快速反应探测器）探测到伽马射线的闪光后，会将自身搭载的望远镜指向那一点。同时，雨燕卫星会把闪光的位置坐标告知地面观测者。如果望远镜能在闪光消失之前对准这一点，天文学家就可以测量余辉的红移，从而得到伽马射线暴产生处的星系的年龄。

这种方法之所以很有用，是因为与伽马射线暴相比，宇宙中的其他天体非常暗弱。哈佛大学专门研究伽马射线暴的天体物理学家埃多·伯格（Edo Berger）说："在最初的几个小时里，它们可能比星系亮 100 万倍，比类星体的亮度都要强 10~100 倍。"哈勃望远镜不需要曝光很长时间，就能够观测到它们。2009 年，莫纳克亚山上的望远镜观测到了红移为 8.2 的伽马射线暴，大约产生于大爆炸之后的 6 亿年。

伯格说，伽马射线暴是如此明亮，以至于我们可以观测到红移达 15 甚至 20 的伽马射线暴，也就是说，它们产生于大爆炸之后 2 亿年内，这个时间非常接近于第一代恒星发光的时间。这一推测是合理的，因为这些伽马射线暴可能正是那些质量非常大的第一代恒星在死亡时产生的。伯格说，我们有理由认为，第一代恒星能够产生能量如此巨大、比迄今发现的其他"同类"都更明亮的伽马射线暴，即使它们的距离更远。

而且伽马射线暴还具有一项优势。类星体只能由存在超大质量黑洞的星系产生，而哈勃望远镜能观测到的星系都是最亮的那一小部分星系。伽马射线暴则不同，小星系中也可以产生，并且与大星系产生的伽马射线暴一样强大。换句话说，对于特定时期的宇宙，伽马射线暴是更具代表性的研究样本。

伯格说，不利的一面是，99% 的伽马射线暴都是朝向远离地球的方向爆发。其余的伽马射线暴，我们的卫星大概每天能观测到一个，但这些伽马射线暴中，只有一小部分具有较大幅度的红移。因此，想要找到红移较大的伽马射线暴，可能需要十年以上的时间。"雨燕卫星可能无法工作那么长时间。"伯格说。同时他指出，理想情况下，应该要发射继任卫星，然后就可以将伽马射线暴的坐标发送给詹姆斯·韦布望远镜，或者发送给3个口径在30米这一级别的地面望远镜——这些设备计划于2020年之后开始运转。但这些研究的申请目前并没有获得美国国家航空航天局或者欧洲航天局的批准。

不论何种情况，一旦詹姆斯·韦布望远镜和下一代巨型地面望远镜开始探测工作，类星体搜寻器、星系巡天器以及可在其他电磁波段搜寻伽马射线暴余辉的探测器，将能探测到大量更古老、更暗弱的天体。这些工作将有助于解答极早期的宇宙到底发生了什么。

与此同时，射电天文学家期待能够利用一些更强大的探测设备，例如澳大利亚默奇森宽场阵列（Murchison Widefield Array）、南非探测再电离时代的精密阵列（Precision Array for Probing the Epoch of Reionization）、分列在这两个国家中的平方千米阵列（Square Kilometer Array），以及天线分布于几个欧洲国家的低频阵列（Low Frequency Array）等，努力弄清楚在宇宙诞生后的10亿年内，中性氢云是如何慢慢消失的。

理论上，氢原子本身就会发射射电波，因此，天文学家能够探测到不同时期的射线——与地球的距离越远，红移就越大。这样，我们就能获知，随着时间的流逝，氢云逐渐被高能辐射"吞噬"的情景。最后，天文学家还将使用智利沙漠中的阿塔卡马大型毫米波 / 亚毫米波阵列（Atacama Large Millimeter/submillimeter Array）搜寻一氧化碳等分子，这些分子代表着星际云的存在，而正是在这些星际云中诞生了第二代恒星。

1965 年，宇宙学家首次发现了来自大爆炸的电磁辐射余辉（宇宙背景辐射），这让他们下决心去研究宇宙是如何从诞生之初演化到今天的。目前他们还没有完全弄清楚其中的奥秘，但我们有理由相信，到 2025 年，距首次发现大爆炸余辉 60 周年之际，最后的空白将会被我们填补。

暗能量：洞悉宇宙命运^㊀

为何宇宙会加速膨胀？经过二十多年的研究之后，
答案仍旧扑朔迷离，不过问题本身已经日渐清晰起来。

亚当·G. 里斯（Adam G. Riess）
马里奥·利维奥（Mario Livio）
庞玮　译

　　宇宙每分每秒都在扩大，星系相互远离，星系团之间也渐行渐远，就连空无一物的星际空间都越来越浩渺——自 20 世纪 20 年代埃德温·哈勃（Edwin Hubble）等人发现宇宙膨胀之后，这些知识已广为人知。但在近些年，天文学家发现上述过程正在加速，宇宙膨胀的步伐不断加快，星系相对彼此退行的速度也变得越来越快。

　　这个令人震惊的事实就是本文作者之一里斯和澳大利亚国立大学的布赖恩·施密特（Brian Schmidt）共同领导的小组在 1998

㊀　本文写作于 2017 年。

年通过测量遥远的超新星爆发而发现的。同年，加利福尼亚大学伯克利分校的索尔·佩尔穆特（Saul Perlmutter）带领的小组利用类似方法得到了相同的结果。结论显而易见：一定有什么在推动宇宙加速膨胀，但究竟是什么呢？

这种东西能产生斥力，因为很明显它正在将宇宙向外推挤，我们给它起了一个名字——暗能量（Dark Energy）。在对其进行了将近 20 年的研究之后，暗能量的物理本质仍然和 18 年前一样难以捉摸。而最新的一些观测与目前所有的流行理论都难以吻合，让问题变得更加复杂。

眼前，我们有几个问题迫切地需要解答：什么是暗能量？为什么它的强度比最直接的理论预言要弱得多（而又强到可以被探测到）？暗能量的本质对宇宙的未来有何影响？最后，暗能量的奇怪性质是否暗示着我们宇宙的属性是随机获得的，这个宇宙实际上是多重宇宙的一部分，而这个多重宇宙还包含很多其他宇宙，每个都有不同的性质和不同强度的暗能量？

对暗能量本质的全力探寻已经开始，如果几个新的天文观测项目进展顺利的话，前景将会一片光明，我们希望在下个 10 年内可以开始回答上述问题，从而更为深入地理解宇宙加速膨胀的本质，当然也可能无奈地将某些悬而未决的问题继续束之高阁。

什么是暗能量

科学家提出了诸多假说，来解释宇宙的加速膨胀。其中，头号候选理论认为加速膨胀的驱动力源自宇宙空间本身的属性。量子力学认为真空并非"空无一物"，而是充斥着大量"虚"的粒子和反粒子对，它们同时产生，刹那之间又相互湮灭。尽管听上去很奇怪，但这些仅能存在一瞬间的粒子对携带着能量，而能量与质量一样，能产生引力。不过与质量不同的是，能量不仅能够产生吸引的引力，还能够产生排斥的引力，这取决于其压强是正还是负。按照量子理论，真空中的能量应该具有负压强，因此有可能就是它们产生了导致宇宙加速膨胀的排斥引力。

真空能在物理上等价于"宇宙常数"，即爱因斯坦在其广义相对论方程中加入的一个常数项，用来表示空间本身具有的均匀能量密度。如其名称"宇宙常数"所示，这个假说认为暗能量密度也是一个常数，不随时间和空间变化。目前天体物理的观测证据与这种宇宙常数假设比较相符，当然也并非完全一致。

除此之外，标量场理论认为，暗能量也可能是一种被称为"精质"（quintessence）的能量场，弥漫在整个宇宙之中，占据空间的每一点，可以抵消引力的吸引作用。物理学家对场并不陌生——无处不在的电磁力和引力就通过场来发挥作用（尽管它们通常来自一个局域的场源，而非充斥整个空间）。

如果暗能量是一个场，它就不太可能是一个常数，而且也可能会随着时间变化。如此一来，过去的暗能量可能比现在更强或是更弱，对宇宙的影响也因时而异。同样地，它的强度和对宇宙演化的影响也可能在未来发生变化。在这个理论下一个名为渐冻场的版本中，暗能量的变化随着时间推移会越来越慢；与之相对的解冻版本则认为暗能量的变化会越来越快。

第三种解释宇宙加速膨胀的理论认为，根本没有什么暗能量，宇宙的加速膨胀源于爱因斯坦的引力理论（广义相对论）无法解释的物理现象。爱因斯坦的理论是不完备的，有可能在极大的尺度下，比如超星系团或者整个可观测宇宙的尺度下，引力定律会偏离目前的理论预测，带来异常的引力效应。

物理学家已经沿着这个方向开展了一些十分有趣的理论探索，但是还未能找到一个与目前所有观测相吻合的自洽理论，因此目前看来暗能量假说仍然占据上风（之前的一些理论，例如加速膨胀是宇宙中物质分布不均匀造成的，或是空间结构中几何缺陷的网络造成的，大部分都被现有观测证据排除了）。

暗能量何以如此之弱

上述对暗能量的解释都不能让人十分满意。以宇宙常数为例，它预言的暗能量强度远超实际数值，如果简单地把所有与真空中正反虚粒子对相关的量子态的能量相加，得到的结果比实际观测的数值要大上 120 个数量级。考虑诸如超对称（即认为每一个已知粒子都有一个尚未发现的更重的伙伴粒子）等理论引入的修正后，差距得以缩小，但理论值仍比测量值高几十个数量级。如果暗能量真的来自真空能，那问题就来了：真空能怎么会如此微小呢？

暗能量场的解释在这个问题上表现得更好，理论研究者只需要假设与暗能量场相关的势能最低点非常小（虽然没有一个合适的理由解释为什么应该这样做），即可保证空间中只蕴藏少量的暗能量。不过，这样的模型同时也要求暗能量场与宇宙万物的相互作用（除了排斥的引力作用之外）极为微弱。这就导致我们很难把暗能量场假说自然地整合进现有粒子物理模型之中。

暗能量的可能解释及宇宙的未来

暗能量是科学家用来解释宇宙加速膨胀的假说。对于暗能量的本质有两种主流解释：它也许是固定不变的真空能（该理论又被称为宇宙常数）；或是一种可变能量，源于充斥整个宇宙的某种场（精质）。还有一些人认为可能根本不存在暗能量，引力在宇宙尺度下的作用方式与我们熟知的引力理论不符。

宇宙常数

如果真空具有内禀能量，就有
可能推动宇宙膨胀。这种能量
的强度将不随时间变化，作用
就如同爱因斯坦一开始引入后
来又从其广义相对论方程中移
除的宇宙常数项。

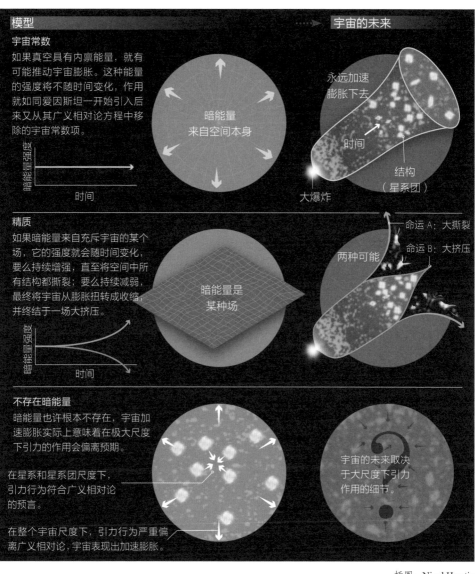

暗能量
来自空间本身

永远加速
膨胀下去

时间

结构
（星系团）

大爆炸

精质

如果暗能量来自充斥宇宙的某个
场，它的强度就会随时间变化，
要么持续增强，直至将空间中所
有结构都撕裂；要么持续减弱，
最终将宇宙从膨胀扭转成收缩，
并终结于一场大挤压。

暗能量是
某种场

命运 A：大撕裂

命运 B：大挤压

两种可能

不存在暗能量

暗能量也许根本不存在，宇宙加
速膨胀实际上意味着在极大尺度
下引力的作用会偏离预期。

在星系和星系团尺度下，
引力行为符合广义相对论
的预言。

在整个宇宙尺度下，引力行为严重偏
离广义相对论，宇宙表现出加速膨胀。

宇宙的未来取决
于大尺度下引力
作用的细节。

插图：Nigel Hawtin

宇宙的未来

暗能量的性质将决定宇宙的最终命运。一方面，如果暗能量真的是真空能（或者说是宇宙常数），那加速将永远持续下去，大约在 1 万亿（10^{12}）年之后除了离银河系最近的那些星系（即本星系群，到那时会并合成一个大型的椭圆星系）之外，其他所有星系都会以光速远离我们，再也无法观测到。就算是来自宇宙大爆炸的远古余辉——宇宙微波背景辐射（CMB），到那时波长也会被拉扯到与整个可观测宇宙的尺度相当，因此难以察觉。在这样的图景中，我们恰好生活在一个非常幸运的时间段，拥有观察周围宇宙的最佳时机。

另一方面，如果暗能量不是真空能而是某种未知的标量场所携带的能量，宇宙的结局将更为开放。这个场有多种不同的可能演化方式，分别对应着不同的宇宙命运。宇宙可能会最终停止膨胀，反而开始收缩，最终在"大挤压"中将肇始万物的大爆炸重演一遍。宇宙还可能进入"大撕裂"状态，上至星系团，下到原子和原子核，宇宙中的一切复杂结构都屈从于强大的暗能量而被撕扯得四分五裂。持续加速膨胀进入"大冻结"（热寂）也是宇宙的可能结局之一。

操控宇宙

宇宙中的暗能量比宇宙中任何其他成分的密度都要大，因此对宇宙有着决定性影响，操控着宇宙的命运。尽管如此，暗能量并非总是占据上风，宇宙的其他成分——辐射（光）和物质（包括由原子组成的常规物质以及看不见的暗物质）在宇宙还比较小的早期阶段也都曾占据过主导位置，当时它们的密度比现在更大。随着宇宙不断膨胀，物质和辐射逐渐分散，暗能量后来居上。如果暗能量密度继续增加，它会越来越强大，最终将撕裂空间中的一切结构。

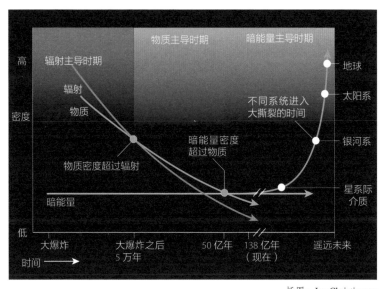

插图：Jen Christiansen

如果最终我们发现，广义相对论不够准确，我们需要的是一个替代性引力理论，那么根据理论细节的不同，宇宙的结局也会千变万化。

多重宇宙

尽管宇宙常数假设最受青睐，但其极弱的强度仍是需要面对的问题。美国得克萨斯大学奥斯汀分校的物理学家史蒂文·温伯格（Steven Weinberg）早在加速膨胀被发现之前就意识到宇宙常数存在这个问题，他提出了一个新的思路，即宇宙常数并非是由基本物理定律决定的独一无二的量，而是一个随机变量，在一个巨大的宇宙系统——多重宇宙中，每个宇宙都具有不同的宇宙常数。一些宇宙可能具有更大的宇宙常数，但是相应地就会有更大的加速斥力，导致物质在这样的宇宙中无法凝聚形成星系、行星和生命。由此温伯格推断，因为我们存在，所以我们必然会发现自己身处一个得以允许生命出现的宇宙，也就是一个宇宙常数碰巧非常微小的宇宙。这个想法后来得到了塔夫斯大学的亚历山大·维连金（Alexander Vilenkin）、剑桥大学的马丁·里斯（Martin Rees）和本文作者之一利维奥的进一步改进，被称为"人择原理"。

即便不考虑暗能量问题，也有合适的理由得出多重宇宙理论。被广泛接受的宇宙暴胀理论认为，宇宙在诞生后第一秒之内曾急剧膨胀，维连金和斯坦福大学的安德烈·林德（Andrei Linde）证明，这种暴胀一旦开始，就必定会一次又一次地重复发生，从而产生数量无限的宇宙泡泡，或者称为"口袋宇宙"，这些宇宙相互之间完全隔离，性质可能差异很大。

从弦论出发，似乎也能得出多重宇宙。作为可以统一所有基本力的候选理论之一，弦论有不同版本，拉斐尔·布索（Raphael Bousso）和约瑟夫·波尔金斯基（Joseph Polchinski）基于其中一个名为 M 理论的版本进行的计算指出，应该有多达 10500 种不同的时空或者说宇宙，每个都具有不同的基本常数，甚至不同数量的空间维度。

但有些物理学家一提多重宇宙就血压上升，因为这个想法看上去既无法接受又难以检验，而且有可能标志着我们熟知的经典科学方法的终结。传统上，经典科学方法要求假说必须能被新的实验或观测直接检验。不过，多重宇宙概念的确做出了一些可供检验的预测，特别是某些多重宇宙模型预测时空的形状会有轻微的弯曲，这也许能被观测到。还有一种可能——尽管希望不大，宇宙微波背景辐射中也许记录下了我们的宇宙和另一个宇宙碰撞时产生的涟漪。

寻找答案

根据目前我们的认识，揭示暗能量本质的最佳途径是测量它的压强（即它对空间的排斥强度）和密度（即在给定空间体积中它究竟有多少）之比，我们称这个比值为状态方程参数，用 w 来表示。如果暗能量是真空能（即宇宙常数），那么 w 将是一个等于 -1 的常数。如果暗能量来自某个随时间变化的场，我们探测到 w 的数值就应该偏离 -1，而且随着宇宙演化不断变动。如果观测到的加速膨胀表明爱因斯坦的引力理论在极大的尺度下需要修正，我们应该能观察到 w 在不同尺度下有着不同的数值。

天文学家已经设想出一些非常巧妙的间接方法，用来测量暗能量的压强和密度。作为一种具有排斥作用的引力，暗能量或修正后的引力会抵消常规引力的吸引作用（后者将宇宙中的物质聚集到一起），从而阻碍诸如星系团这类大尺度结构的形成。因此，通过研究星系团随时间的变化，科学家能测量不同历史时期的暗能量强度。星系团会使背景星系的光线发生偏折，产生所谓引力透镜现象。通过观测光线偏折程度的大小，我们可以推测出星系团的质量，而通过观测不同距离处星系团的引力透镜效应，我们就能测量出宇宙不同时期大质量星系团的分布（因为光速有限，天文观测就相当于在回溯时间，距离越远时间越早）。

我们还可以通过测量宇宙膨胀速度的变化来测量暗能量。通过观测不同距离处的天体并测量其红移（光的波长随空间膨胀而增大的程度），就可以知道自光从该天体出发以来宇宙膨胀了多少。实际上发现宇宙加速膨胀的两个小组用的正是这个方法，他们测量的是不同的 Ia 型超新星的红移（这类超新星的亮度与其距离保持着非常严格的关系）。该技术还有一个"变体"，即通过测量重子声学振荡（baryon acoustic oscillations，BAO）来追踪宇宙的膨胀历史。BAO 是空间中星系密度的波动幅度，是另一个良好的距离指示物。

到目前为止，大多数测量得出的 w 都与 –1 相符，观测误差不超过 10%，因此是支持宇宙常数的。最近一个由里斯带领的团队使用哈勃空间望远镜，利用超新星方法探测了 100 亿年之前的暗能量，结果没有发现暗能量会随时间变化的迹象。

尽管如此，过去几年间一些偏离了宇宙常数预测的线索仍值得注意。例如，结合普朗克卫星对宇宙微波背景辐射（它能告诉我们宇宙总的质量和能量）的测量和引力透镜研究的结果来看，w 的值似乎比 –1 更小。泛星计划（Panoramic Survey Telescope and Rapid Response System，Pan-STARRS，全称为全景巡天望远镜和快速反应系统）观测了超过 300 个超新星，来追踪宇宙膨胀，其结果似乎也表明 w 要小于 –1。而最近针对名为类星体（quasar）的遥远亮星系的重子声学振荡测量显示，暗能量的密度可能是随时间增加的。最后，通过局域测量得到的当前宇宙膨胀速度和根据 CMB 得出的原初膨胀速度之间存在微小的差异，可能也表明真实的暗能量不符合宇宙常数的预测。虽然这些结果引人遐思，但都还不够令人信服，未来更多的观测数据可能会令这些差异变得更有说服力，也有可能证明它们只是系统误差而已。

眼下科学家正在努力工作，有望在未来十年内将暗能量的测量精度提高 100 倍。暗能量巡天（Dark Energy Survey，DES）项目已经在 2013 年启动，大型综合巡天望远镜（Large Synoptic Survey Telescope，LSST）⊖预计将于 2021 年投入运行，这些新项目将搜集更多有关宇宙中大尺度结构和宇宙膨胀历史的信息。美国国家航空航天局（NASA）的广域红外巡天望远镜（Wide Field Infrared Survey Telescope，WFIRST）⊖预计于 21 世纪 20 年代中期发射。作为一台 2.4 米口径的空间望远镜，它有望观测到遥远的超新星和重子声学振荡，以及引力透镜现象。欧洲空间局（ESA）的欧几里得卫星（Euclid）也准备在 2020 年发射⊖，目标同样包括引力透镜和重子声学振荡，同时它还将通过红移测量星系距离，以确定宇宙中星系团的三维分布。

⊖ 现更名为薇拉·鲁宾天文台（Vera C. Rubin Observatory），预计于 2024 年投入运行。——编者注
⊖ 现更名为南希·格雷斯·罗曼空间望远镜（Nancy Grace Roman Space Telescope），预计于 2027 年发射。——编者注
⊖ 于 2023 年 7 月发射。——编者注

最后，我们还可以通过太阳系内的实验来检验那些引力修正理论。方法之一是以极高的精度测量地月距离（利用阿波罗计划放置在月球表面的反射镜来反射从地球发射的激光束），从中探测与广义相对论预言的微小差异。此外，我们还可以设计一些巧妙的实验室实验来寻找现有引力理论中的细微矛盾。

未来几年是研究暗能量的关键时刻。我们有望在宇宙加速膨胀问题上获得真正的进展，而谜底将揭示宇宙的未来。

时空的涟漪[⊖]

LIGO 证实了爱因斯坦对引力波的预言，
并有望开启天体物理学的新时代。

克拉拉·莫斯科维茨（Clara Moskowitz）

邵珍珍　译

2016 年 2 月 11 日，科学家们宣布，激光干涉引力波天文台
（Laser Interferometer Gravitational-Wave Observatory，LIGO）发
现了黑洞并合产生的时空涟漪。大约 13 亿年前，两个黑洞相互
绕转，绕转轨道缩小，越来越近，最终两黑洞相撞并发生猛烈的
爆炸。每个黑洞的质量大约是太阳的 30 倍，被压缩进一个很小
的体积，当两个黑洞的速度接近光速时，迎面相撞。猛烈的并合
生成了一个新的黑洞，并产生了一个强大的引力场，以波的形式
扭曲了时空。这种波在空间中传播，其强度大约是可观测宇宙中
所有闪亮恒星和星系的 50 倍。

⊖　本文写作于 2017 年。

令人难以置信的是，这种现象在太空中其实是很常见的，但这样的碰撞却第一次被探测到，由此产生的引力波也是第一次被观测到。在华盛顿特区举行的备受期待的 LIGO 会议（美国和欧洲同时举行的五次会议之一）上，科学家们宣布，半个多世纪以来对引力波进行的探索终于取得了成功。

LIGO 的负责人大卫·雷茨（David Reitze）在发布会上说："这确实是一次伟大的科学行动，我们做到了，其意义堪比登月。"

哥伦比亚大学物理学家、LIGO 团队成员绍博尔奇·马尔卡（Szabolcs Márka）说："有人将毕生精力投入到这项研究中，也有人还没来得及看到真正的引力波就去世了。""这真的是一种很棒的感觉，引力波探测投入了大量的人力、财力和物力，现在终于被证明是有价值的。你不仅仅是发现了一些东西，更是给所有人，给全人类留下了财富。"

阿尔伯特·爱因斯坦在 1916 年根据他的广义相对论首次预言了引力波的存在，但即使是他也对引力波是否真的存在存疑。科学家们从 20 世纪 60 年代就开始寻找这些时空涟漪，但至今还没有人成功地探测到它们对地球的影响。LIGO 对于引力波的首次发现被《物理评论快报》（*Physical Review Letters*）接收发表，这不仅提供了引力波存在的第一个直接证据，而且打开了宇宙研究新的大门，我们可以利用引力波来研究产生引力波的超强极端物理现象。"这是一件大事，"加拿大圆周理论物理研究所的物理学家路易斯·莱纳（Luis Lehner）说，"它强有力地推动了引力基本理论的发展，并为我们探索宇宙的奥秘提供了一个不可思议的工具。"

在第一次成功探测后，LIGO 团队宣布又发现了两个新的引力波信号：一个探测于 2015 年底（于 2016 年 6 月宣布），是由两个质量比原来那对黑洞小的黑洞产生的；另一个探测于 2017 年 1 月（于 2017 年 6 月宣布），也是由两个黑洞产生的，距离大约是第一次发现的黑洞碰撞距离的三倍。[⊖]

"人类有史以来建造的最复杂的系统之一"

LIGO 项目由美国国家科学基金会资助，1000 多名科学家参与，耗资高达 10 亿美元。该项目使用两台探测器（一台位于华盛顿州，另一台位于路易斯安那州）来探测引力波穿过地球时发生的空间扭曲。每个探测器的形状都像一个巨大的字母 L，由两条臂组成，每条臂长达 4 千米。激光在两条臂中来回反射，极高精度的原子钟可以测量出这段旅程所花的时间。一般情况下，两条臂是一样长的，所以光线在每条臂中来回的时间也会是一样的。然而，如果引力波穿过，探测器和探测器下的地面会在一个方向上受到极其微小的形变，两条臂中测得的时间将不再相同。

LIGO 必须具有极高的、难以置信的灵敏度，才能测量出臂长的变化，这个变化比质子直径的千分之一还小。如果把 L 形

⊖ 截至 2022 年 1 月，LIGO 共探测到 90 次引力波。——编者注

臂类比为银河系的话，这个变化还没有一个足球的尺寸大。"这是人类有史以来建造的最复杂的系统之一，"马尔卡说，"为了达到要求的灵敏度，有太多的问题需要解决，有太多的事情需要调整。"事实上，这个探测器太过灵敏，以至于一些不相关的事件，比如飞机飞过头顶，风沿建筑物吹过，或者探测器下地面的微小位移，都可能干扰到激光，被误测为引力波信号。"如果我在控制室鼓掌，你就会看到一个信号。"哥伦比亚 LIGO 团队的另一名成员伊姆雷·巴托斯（Imre Bartos）说。华盛顿州和路易斯安那州的探测器不太可能同时受到同一种干扰的影响，利用这一事实，研究人员仔细地剔除了这些污染信号。"通过两个探测器的信号对比，我们更加确定我们所看到的是来自地球之外的东西。"巴托斯补充道。

LIGO 从 2002 年开始运行，一直到 2010 年都没有发现任何引力波。随后，科学家暂停了实验，并对探测器进行了全面的升级，包括提高激光的功率和更换镜子，2015 年 9 月 18 日正式开始运行升级版 LIGO。其实在那之前（调试期），探测器就已经开始运行了：第一次探测到的引力波信号于美国东部时间 2015 年 9 月 14 日凌晨 5 点 51 分到达，到达路易斯安那州的探测器比到达华盛顿州的探测器早 7 毫秒。升级版 LIGO 首次观测的灵敏度是初始 LIGO 的 3 倍左右，科学家计划在未来几年内实现其设计灵敏度（比初始 LIGO 高 10 倍左右）。

激光干涉仪引力波天文台

LIGO 项目使用两个 L 形探测器寻找引力波，其中一个在华盛顿州，另一个在路易斯安那州。在每个探测器中，激光被两个镜子反射，镜子安装在两条相互垂直的 4 千米长的臂上。中心的分束器将激光分成两束，使得光束 A 与光束 B 的相位相反。当两束光叠加时就会相互抵消，从而使产生的光变暗（黄色）。然而，如果引力波穿过地球，改变了臂的相对长度，那么两束光的相位差略有改变，干涉后的光束就会显示出明显的信号（蓝色）。然而，这种影响是很微小的——两个邻近黑洞的碰撞导致的 LIGO 臂长的变化还不到一个质子直径的千分之一。

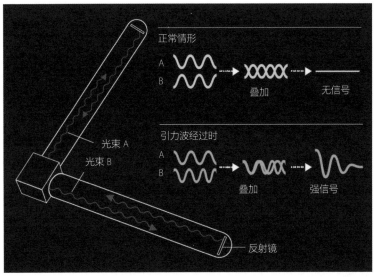

插图：Jen Christiansen

漫长的时间到来

在这一发现之前，证明引力波存在最有力的证据间接来自于对被称为脉冲星的超密度旋转中子星的观测。1974年，约瑟夫·泰勒（Joseph Taylor）和拉塞尔·赫尔斯（Russell Hulse）发现了一颗围绕中子星旋转的脉冲星。后来的观测表明，该脉冲星的轨道正在缩小。科学家们由此得出结论，该脉冲星正以引力波的形式失去能量。这一发现为泰勒和赫尔斯赢得了1993年的诺贝尔物理学奖。从此以后，天文学家就一直希望能够直接探测到引力波本身。泰勒说："我已经期待这次探测很久了。""这是一段漫长的历史，我认为耗费这么长时间才能结出硕果的项目需要非常大的耐心。"

LIGO的发现不仅证明了引力波的存在，而且是迄今为止黑洞存在的最强有力的证据。"我们认为宇宙中存在黑洞。我们有非常有力的间接证据，但我们没有直接的证据，"莱纳说，"一切都是间接的。鉴于黑洞本身除了引力波之外不能发出任何信号，探测引力波是证明黑洞存在最直接的方式。"

LIGO研究引力波特性的能力将使科学家们以一种全新的方式来研究黑洞。研究人员想知道两个黑洞碰撞的细节，以及是否会如理论预测的那样出现一个新的黑洞。"我们谈论的是两个不发光的物体——它们是完全黑暗的，"哥伦比亚大学巴纳德学院的理论物理学家珍娜·莱文（Janna Levin）说，"在碰撞的细节和引力波方面，你可以看到一个新的黑洞的形成。"LIGO 应该还能够探测到其他灾难性天文事件所产生的引力波，比如超新星爆发和两颗中子星的碰撞。

LIGO 和未来的引力波实验也将使物理学家能够检验广义相对论。广义相对论已经提出来 100 多年了，它经受住了时间的考验，但仍然与支配亚原子领域的量子力学理论相冲突。"我们知道广义相对论会在某些时候显示出缺陷，而它显示缺陷的方式将引导我们的理论变得更完美，"莱纳说，"与之前的最强测试（来自对脉冲星的观测）相比，这次探测将理论推高了 6 个数量级。"

升级版 LIGO 现在正在进行第二轮观测运行，并将在今年晚些时候停止运行，进行大约 15 个月的升级。[⊖]科学家们希望将 LIGO 的灵敏度提高 4~5 倍，这样它就可以探测到比现在多 100 倍的双黑洞系统。LIGO 是众多天文台中第一个步入引力天文学新时代的。另一个相似的项目，位于意大利的升级版 Virgo（室女座干涉仪）也将与 LIGO 合作，不过它的灵敏度较低。未来十年内，日本的神冈引力波探测器（KAGRA）将开始观测。[⊜]印度的探测器计划也在进行中。地面望远镜项目即脉冲星计时阵列

⊖ 第二轮和第三轮观测运行分别于 2017 年 8 月和 2020 年 3 月完成，第四轮则于 2023 年 5 月开启。——编者注

⊜ 于 2020 年 2 月开始运行。——编者注

（Pulsar Timing Array，PTA），想要通过观察脉冲星在穿过引力波拉伸空间后到达地球的光延迟来研究引力波。2017 年 6 月，名为激光干涉空间天线开路者号（LISA Pathfinder）的探测器结束了其为期 16 个月的任务，该任务是为一个计划中的空间天文台（激光干涉空间天线）做技术测试，该天文台将用于探测超大质量黑洞碰撞产生的低频引力波。

"每次打开一个新的宇宙窗口，我们总会发现新的东西，"莱纳说，"这就像伽利略将第一台望远镜指向天空。起初，他只看到了一些行星和卫星，但随着我们有了射电、紫外和 X 射线望远镜，我们看到了越来越多面的宇宙。我们现在就好像处在伽利略刚刚看到第一批环绕地球的天体的时候。引力波将对未来的天文研究产生巨大的影响。"

窥宇宙深处

探宇宙外处

从黑洞到地外生命

第 2 章

宇宙地图学

多重宇宙是一种量子态[一]

宇宙学和量子力学，宏观和微观的这两个极端可能存在一种让人意想不到的联系，这种联系有望帮我们解决多重宇宙理论面临的难题。

野村泰纪（Yasunori Nomura）

庞玮　译

现在，许多宇宙学家都接受了一个奇特的理论：我们这个看上去独一无二的宇宙，其实只是一个名为多重宇宙的更大结构中的沧海一粟。在这个理论描绘的图景中，同时存在着众多宇宙，而那些被我们奉为基本自然规律的物理定律在每个宇宙中都是不同的，例如，不同宇宙中基本粒子的种类和性质都是各不相同的。

多重宇宙的想法源于一个认为极早期宇宙经历过指数式膨胀的理论。在这个所谓"暴胀"（inflation）的过程中，空间中的某些区域也许会比其他区域更早结束这种快速膨胀（而整个空间中

[一] 本文写作于 2017 年。

总有些区域是在快速膨胀的，所以被称为永恒暴胀），形成我们所说的"泡泡宇宙"（bubble universe），因为它们看上去就像是一锅沸水中的泡泡一样。我们的宇宙也许只是众多泡泡宇宙中的一个，在此之外还有无数个宇宙。

我们的宇宙只是某个更大结构的一部分，这种想法本身并不惊世骇俗。回顾历史，科学家曾不止一次发现当时可见的世界远非宇宙的全部。但多重宇宙观念，以及这个理论所描述的无穷无尽的泡泡宇宙，却给我们带来一个严重的理论问题：它似乎抹杀了暴胀理论的预言能力，而这是我们对一个有效理论的基本要求。暴胀理论的创立者之一、麻省理工学院的阿兰·古思（Alan Guth）点出了其中的困境："在一个永恒暴胀的宇宙中，任何可能发生的事件都将发生，实际上，它会发生无数次。"

在一个事件只会发生有限次的单一宇宙中，科学家可以通过比较不同事件发生的次数来计算一个事件发生的相对概率。但是在一个任何事件都会发生无限次的多重宇宙中，这样的计算就无法进行了。诸事平等，无一特殊。你可以随心所欲地预言某件事，它必将在某个宇宙中变成现实，但这种预言与我们所处的这个宇宙毫无干系。

这种预言能力的匮乏一直困扰着物理学家。但包括我在内的一些研究者已经认识到，量子理论也许为我们指明了一条出路。这或许有些出人意料，因为量子理论只关心那些最微小的粒子，与多重宇宙理论刚好相反。具体而言，宇宙学中的永恒暴胀多重宇宙图景，在数学上也许等价于量子力学中的多世界诠释（many-worlds interpretation，MWI），后者试图解释粒子如何同时存在于多个位置。正如我将在下文详述的，这种理论上的联系不仅可以解决暴胀理论的预言问题，而且还可能揭示出有关时间和空间的惊人真相。

量子多世界

我是在重新审视量子力学多世界诠释的基本原则时，想到它和多重宇宙理论之间的对应关系的。多世界概念的提出，原本是为了澄清量子物理的一些奇怪特性。在量子世界这个与人直觉相悖的地方，原因与结果的作用方式与我们熟悉的宏观世界不同，任何过程的结果都以概率方式呈现。按照宏观世界的经验，我们抛出一个球，可以根据球的初始位置、速度及其他因素确定球的落点。但如果这个球是一个量子粒子，我们就只能说出它落在这里或那里的概率有多大。即使我们更准确地对小球进行测量，知道诸如气流情况这样的细节，也无法根除这种本质上的概率性，它是量子世界的内禀属性。同样的小球以同样的初始状态扔出，有时会落在 A 点，有时会落在 B 点。这个结论貌似荒唐，但量子力学经受了无数实验的检验，真实地描述了自然界在亚原子尺度之下的运作方式。

在量子世界中，球在抛出之后，在我们观察它的落点之前，球处于落在 A 点和落在 B 点的所谓叠加态上。也就是说，它既不在 A 点也不在 B 点，而是处于既包含 A 点也包含 B 点（以及其他所有可能位置）的概率迷雾之中。不过，一旦我们进行观察，发现球落在了一个确定的位置，比如说 A 点，那其他任何人来检查这个球都会确认它落在 A 点。换句话说，一个量子系统在测量之前，其结果是不确定的，但只要进行测量，所有测量的结果都会与第一次测量保持一致。

按照哥本哈根诠释（Copenhagen interpretation）对量子力学的理解，物理学家将上述由不确定到确定的转变解释为，第一次测量将系统的状态从叠加态变成了 A 态。尽管哥本哈根诠释可以做出与实验一致的预测，但它会导致一系列概念层面上的疑难。究竟什么是"测量"？为何它会把系统从叠加态变成一个确定态？如果是一条狗或是一只苍蝇来观察也会引起这种状态的改变吗？如果空气中的一个分子与系统发生相互作用又会如何呢？这种情况每时每刻都在发生，但我们通常却不将其视为一种可以影响系统结果的测量。难道是人对系统状态有意识的观察具备什么特殊的物理意义？

1957 年，还在普林斯顿大学读研究生的休·艾弗雷特（Hugh Everett）提出了量子力学的多世界诠释，漂亮地解决了这些难题，尽管这种诠释在当时备受嘲弄，甚至直到今天也不如哥本哈根诠释受人青睐。艾弗雷特的主要见解是量子系统实际上反映的是它周围整个宇宙的状态，因此要想完整描述测量，必须把观察者也包括进来。也就是说，我们不能孤立地考虑球、气流和扔球的手等因素，必须在根本层次上把观察球落地的观察者，乃至那个时刻宇宙中的万事万物都囊括进来。在这幅图景中，测量之后的量子状态仍然处于叠加态，但不是两个落点的叠加态，而是两个完整宇宙的叠加态！在第一个宇宙中，观察者发现系统变成了A，所以该宇宙中所有后继观察者都会得到 A 结果。但是在测量的同时，另一个宇宙就分裂出来，在那个宇宙中，所有观察者都会发现球落到了 B 处。这进一步解释了为何观察者（假定观察者为一个人类）会认为他的测量改变了系统的状态。实际发生的是，在他进行测量时（与系统发生相互作用），他自己分裂成了生活在两个不同的平行世界中的两个不同的个体，这两个世界分别对应结果 A 和结果 B。

按照上述观点，人类所做的观察并无任何特殊之处。整个世界的状态无时无刻不在分裂成多个叠加共存的可能平行世界。作为这个世界的一部分，一个人类观察者也无法超然其外，他也会不停分裂成生活在这些可能平行世界中的不同观察者，每一个都是同等"真实"的。该图景暗含着一个明显亦很重要的结论，即自然界中所有事物，无论大小，都服从量子力学原理。

这种量子力学诠释与我们之前讨论的多重宇宙有何关系呢？

毕竟后者看上去存在于连续的真实空间之中，而非什么平行世界。2011 年，我提出，永恒暴胀宇宙和艾弗雷特的量子力学多世界诠释在某种意义上是同一个概念。按照这种理解，与永恒暴胀相联系的无限大空间只是一种"幻象"，暴胀产生的众多泡泡宇宙并非同时存在于单一的真实空间之中，而是代表着概率树上不同的可能分支。差不多就在我提出这种假设的同时，加利福尼亚大学伯克利分校的拉斐尔·布索（Raphael Bousso）和斯坦福大学的伦纳德·萨斯坎德（Leonard Susskind）也产生了类似想法。如果这种多重宇宙的多世界诠释是对的，那就意味着量子力学原理不仅适用于微观世界，而且在最大尺度上对决定多重宇宙的整体结构也起着至关重要的作用。

黑洞困境

为了更好地解释量子力学的多世界诠释为何可以用来描述暴胀多重宇宙，我们不得不离题一会儿来谈谈黑洞。黑洞是时空扭曲的极致，其引力强大到任何进入其中的物体都无法逃脱。正因为如此，对那些同时涉及强量子效应和强引力效应的物理学理论来说，黑洞成了理想实验场地。通过一个与黑洞有关的特殊思想实验，我们能够认清传统的多重宇宙理论究竟是在何处脱离了正轨，导致无法做出预言。

假设我们向黑洞里扔一本书，然后从黑洞外观察事情的进

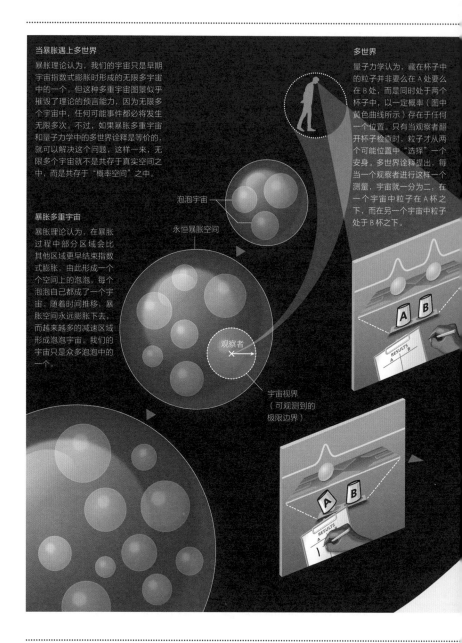

当暴胀遇上多世界

暴胀理论认为，我们的宇宙只是早期宇宙指数式膨胀时形成的无限多宇宙中的一个。但这种多重宇宙图景似乎摧毁了理论的预言能力，因为无限多个宇宙中，任何可能事件都必将发生无限多次。不过，如果暴胀多重宇宙和量子力学中的多世界诠释是等价的，就可以解决这个问题，这样一来，无限多个宇宙就不是共存于真实空间之中，而是共存于"概率空间"之中。

暴胀多重宇宙

暴胀理论认为，在暴胀过程中部分区域会比其他区域更早结束指数式膨胀，由此形成一个个空间上的泡泡，每个泡泡自己都成了一个宇宙。随着时间推移，暴胀空间永远膨胀下去，而越来越多的减速区域形成泡泡宇宙。我们的宇宙只是众多泡泡中的一个。

多世界

量子力学认为，藏在杯子中的粒子并非要么在 A 处要么在 B 处，而是同时处于两个杯子中，以一定概率（图中黄色曲线所示）存在于任何一个位置。只有当观察者翻开杯子检查时，粒子才从两个可能位置中"选择"一个安身。多世界诠释提出，每当一个观察者进行这样一个测量，宇宙就一分为二，在一个宇宙中粒子在 A 杯之下，而在另一个宇宙中粒子处于 B 杯之下。

泡泡宇宙

永恒暴胀空间

观察者

宇宙视界
（可观测到的
极限边界）

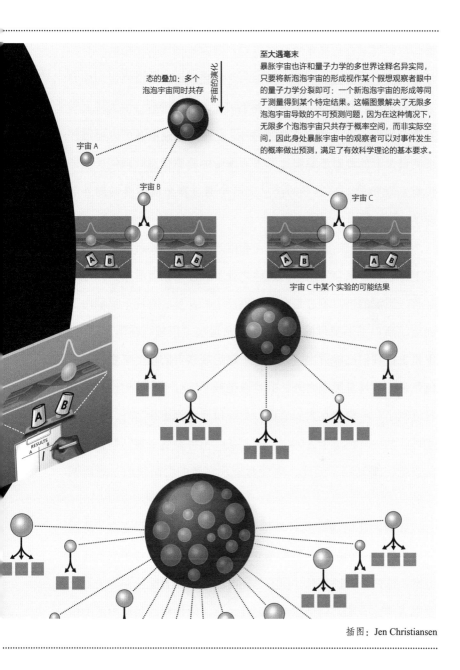

至大遇毫末

暴胀宇宙也许和量子力学的多世界诠释名异实同，只要将新泡泡宇宙的形成视作某个假想观察者眼中的量子力学分裂即可：一个新泡泡宇宙的形成等同于测量得到某个特定结果。这幅图景解决了无限多泡泡宇宙导致的不可预测问题，因为在这种情况下，无限多个泡泡宇宙只共存于概率空间，而非实际空间，因此身处暴胀宇宙中的观察者可以对事件发生的概率做出预测，满足了有效科学理论的基本要求。

态的叠加：多个
泡泡宇宙同时共存

宇宙的演化

宇宙 A

宇宙 B

宇宙 C

宇宙 C 中某个实验的可能结果

RESULTS

插图：Jen Christiansen

展。尽管书本身永远无法逃离黑洞，但理论预测它携带的信息并不会泯灭。书会被黑洞引力撕碎，之后黑洞本身又会通过向外发射微弱的辐射而慢慢蒸发（该现象被称为霍金辐射，由剑桥大学物理学家斯蒂芬·霍金首先发现），最终外部观察者可以通过仔细测量黑洞的辐射还原出这本书所携带的完整信息。即便黑洞还没有蒸发殆尽，这本书的信息就已经通过霍金辐射慢慢向外泄漏了。

但如果我们站在某个随书一起落入黑洞的观察者的角度来审视上述过程，就会发现令人迷惑之处。在该观察者看来，跟他一起落入黑洞的书只不过是穿越了黑洞边界并且一直处于黑洞内部而已，所以书上携带的信息也一样永远被"囚禁"在黑洞之内。但是上面我们已经讨论过，从一个遥远观察者的角度来看，这些信息最终将现身黑洞之外，究竟孰是孰非？你也许认为信息只是被复制了：一份留在黑洞之内，另一份泄漏到黑洞之外，但这是不可能的——在量子力学中，有一条"不可复制定理"禁止了对信息的完美复制，因此，内外两个观察者的看法貌似是难以调和的。

针对上述问题，荷兰乌德勒支大学物理学家赫拉德·特霍夫特（Gerard't Hooft）与萨斯坎德及其他合作者提出了如下解决方案：这两个看法都对，但不是同时成立。一方面，在作为外部观察者的你看来，信息在黑洞之外，你不需要描述黑洞内部的情况，因为原则上你永远无法接触黑洞内部。实际上，为了避免信息复制，黑洞内部的时空对你而言是不存在的。另一方面，如果你是落入黑洞的观察者，内部就是你能看到的一切，它包含那本书及其所有信息。不过，这种看法只有在忽略霍金辐射时才能成立，这样的无视是允许的，因为你已经穿越了黑洞边界并被困于其中，完全与边界上向外发出的辐射无缘了。这两种观点本身并无矛盾，矛盾来自你对这两种观点的人为"拼接"，而这种"拼接"就物理而言原本就不可能（因为你无法同时身为一个外部观察者和一个内部观察者），因此才出现了信息复制这种问题。

宇宙视界

看上去，量子力学多世界诠释和多重宇宙理论的内在联系似乎与这个黑洞疑难没什么关系，但其实黑洞边界在某些重要方面与宇宙视界很相似——所谓宇宙视界是指一个时空区域的边界，我们只能接收到来自这个区域之内的信号。因为宇宙空间在进行指数式膨胀，所以存在一个这样的边界，此边界之外的物体远离我们的速度会超过光速，因此来自它们的信息永远不可能抵达我们这里。这情景非常类似一个遥远观察者眼中的黑洞。不仅如此，正如量子力学要求黑洞边界一侧的观察者忽略边界另一侧的时空一样，宇宙视界内的观察者也必须忽略边界外部的时空，因为如果既承认外部时空存在又能接收到来自宇宙视界的信息（类似于黑洞的霍金辐射），信息就会凭空多出来一份。这个问题实际上暗示了，任何多重宇宙的量子力学描述都只适用于视界内及视界上，更具体地说，任何一种对宇宙完整自洽的描述都不可能包含无限空间。

如果量子状态反映的只是视界内的区域，那多重宇宙又在何处？按我们原来的设想，那些宇宙应该存在于永恒暴胀的无限空间内。答案是，与量子力学中的其他过程一样，这些泡泡宇宙是以概率形式出现的。正如一次量子测量会产生许多不同的结果，这些结果有着各自不同的出现概率，暴胀也能产生许多不同的宇宙，每个宇宙出现的概率各不相同。换句话说，代表永恒暴胀空间的量子态实际上是一个由代表不同宇宙的世界，或者说概率分支构成的叠加态，每一个概率分支都只包括自己视界内的那部分空间。

由于叠加态中的每个宇宙都是有限的，我们就能避免由无限大空间中包含所有可能结果而导致的预测失效问题。按照这种理论，多重宇宙并非同时存在于真实空间之中，它们只是共存于"概率空间"之中，也就是每个宇宙中生活的居民可能观测到的结果。因此，每个宇宙，或者说每种可能的结果，都有特定的出现概率。

上述图景统一了宇宙学中的永恒暴胀多重宇宙观和艾弗雷特的多世界诠释。在该图景中，宇宙历史是这样展开的：多重宇宙从某个初始状态中出现，并演化成众多泡泡宇宙的叠加；随着时间流逝，代表每个泡泡宇宙的量子态又进一步分裂成更多状态的叠加，每个状态都对应着该宇宙中某个"实验"（此处的实验非特指科学实验，而是指任何可能的物理过程）的各种可能结果；最终代表整个多重宇宙的量子态会演化出极为繁多的分支，每个分支都代表着初始状态的一个可能演化结果。因此，量子概率不仅决定着微观过程，还决定了宇宙的命运。多重宇宙和量子力学中的多世界实际上殊途同归，都指向同一个现象：态的叠加，只不过它们是在不同尺度的舞台上表现出来而已。

在这幅崭新的图景中，我们的世界仅仅是众多可能世界中的一个，这些世界由量子物理的基本原理决定，同时存在于概率空间之中。

更遥远的疆域

要知道上述猜想是否正确，我们需要诉诸实验，但这类实验可行吗？实际上我们发现，只要能发现一个特定现象，这个新理论就能够得到支持。多重宇宙的存在会导致我们的宇宙空间有一个很小的负曲率，这意味着，即使没有任何引力效应，物体在空间中运动的轨迹也不像在平直空间中那样是一条直线，而是一条曲线。之所以存在这种负曲率，是因为尽管从整个多重宇宙的角度来看泡泡宇宙是有限的，但泡泡宇宙中的观察者却认为自己所处的宇宙是无限大的，这会让空间看起来是弯曲的，且曲率为负（负曲率的例子之一就是马鞍的表面，而球面则是正曲率的）。因此如果我们生活在这样的泡泡宇宙中，应该能通过观测发现空间是弯曲的。

目前所有的观测证据都表明，我们的宇宙是平直的。但未来数十年内，通过观测遥远天体发出的光线在穿越宇宙时弯曲的程度，我们对宇宙空间曲率的测量精度还能提高两个数量级。如果这类实验发现了任何程度的负曲率，都将是对多重宇宙理论的支持，因为尽管单一宇宙在理论上也可能具有负曲率，但可能性极低。实际上，任何发现本身都是对上述量子多重宇宙图景的有力支持，因为该理论可以很自然地产生足以被探测到的空间曲率，而传统的暴胀多重宇宙理论所给出的负曲率要比我们预期的探测能力小很多个数量级。

有趣的是，万一测量出空间曲率是正的，多重宇宙理论就将彻底失败，因为根据暴胀理论，泡泡宇宙只能产生负曲率。相反，如果我们足够幸运的话，甚至还可能看到支持多重宇宙的戏剧性证据，例如泡泡宇宙之间"碰撞"的痕迹，在量子多重宇宙图景中，这种痕迹能在单独的一个分支中产生。不过，对于是否能探测到这种信号，科学家目前仍毫无把握。

我和其他物理学家一样，目前还只是在理论层面上对量子多重宇宙这个想法进行探索。我们可以问一些基本问题，比如，怎样才能确定整个多重宇宙的量子态？在这样的图景中，时间是什么？它又是如何产生的？量子多重宇宙图景虽然不能立刻回答这些问题，但确实提供了一个讨论这些问题的框架。例如，在数学上我们的理论必须包含严格定义的概率，最近我发现由此带来的一些约束条件可能使我们能够确定整个多重宇宙的唯一量子态。这些约束条件还表明，即使一个物理上的观察者（本身也是多重宇宙量子态的一部分）会不断看到新的泡泡宇宙产生，但整个多重宇宙的量子态仍保持不变。这意味着我们对宇宙的感知会随着时间而变化，但时间概念本身却是一个幻象。在这样的图景中，时间是一个"涌现概念"，源自更为基本的物理现实，似乎只存在于多重宇宙的局部分支中。

我们在上面讨论的很多想法目前仍停留在猜测阶段，但凭借理论之力，物理学家得以直面如此宏大且深邃的问题，这本身就足以让人心醉神迷。又有谁知道这些探索最终会将我们带往何处？但有一点毋庸置疑，那就是我们生活在一个激动人心的时代，科学探索的触角已经超越了我们曾经以为是整个物理世界的宇宙，进入了一个存在无限可能的疆域。

拉尼亚凯亚：
5 亿光年的宇宙家园

———————

天文学家发现，
银河系身处的超星系团要比过去认为的还要大得多。
而这一发现只是重新绘制宇宙新地图的第一步。

诺姆·I.里伯斯金（Noam I. Libeskind）
R. 布伦特·塔利（R. Brent Tully）
郭宏　译

想象一下访问一个遥远的星系，然后在寄给家人的明信片上填写收件地址。你可能先写下房子所在的街道和城市，然后是所在的行星——太阳的第三颗行星地球。接下来，地址中可以列上太阳所在的猎户臂，这是银河系边缘的一段旋臂。紧接着是银河系所在的本星系群（包含超过 50 个近邻星系，覆盖了直径大约 1000 万光年的空间范围）。本星系群位于室女星系团的外围，而中心距离地球 5000 万光年的室女星系团拥有超过 1000 个星系，但它也只是本超星系团（室女超星系团）的一小部分。横跨超过

1亿光年的本超星系团由数百个星系群或星系团组成。这样的超星系团一直被认为是宇宙大尺度结构最大的组成部分，构成了巨大的纤维状和墙状星系结构，共同围绕在几乎没有任何星系存在的空洞周围。

直到不久前，本超星系团可能还是你的宇宙地址的结尾。天文学家认为，在这个尺度以上再做说明就毫无意义了，因为在更大的尺度上，由超星系团交织成的界限分明的墙状结构与空洞就会让位于没有可分辨特征的均匀宇宙。但是，2014年由本文作者塔利所领导的团队发现，我们只是一个极为庞大的结构的一部分，后者的巨大程度彻底颠覆了之前的认知。事实证明，本超星系团也只是一个更加巨大的超星系团的一叶，而那个超星系团包含了10万个大星系，横跨5亿多光年。发现这一庞大超星系团的团队把它命名为"拉尼亚凯亚"——在夏威夷语里是"无尽的天堂"的意思，来向早期利用恒星定位、在太平洋中航行的波利尼西亚人致敬。银河系远离拉尼亚凯亚的中心，在它的最边缘地带。

拉尼亚凯亚远不止是我们宇宙地址中新的一行。通过研究这个庞大结构的构造和动力学，我们可以更多地了解宇宙的过去和未来。绘制成员星系的分布以及它们的运动模式可以帮助我们更好地理解星系是如何形成和演化的，同时可以帮助我们更多地了解暗物质的本质。天文学家认为，宇宙物质中的约80%都是这种不可见的成分。

拉尼亚凯亚也能够帮助我们解开暗能量之谜，这种在 1998 年发现的强大力量驱动着宇宙加速膨胀，并因此会决定宇宙的最终命运。而拉尼亚凯亚超星系团也可能不是我们宇宙地址的最后一行——事实上，它还可能是尚未被发现的更大结构的一部分。

星系的流动

发现拉尼亚凯亚并非该团队本来的目的。他们是在努力解答关于宇宙本质的一些长期悬而未决的基本问题时，碰巧得到了这一发现。

近一个世纪之前，科学家就知道宇宙在膨胀，从而拉动星系远离彼此，正如膨胀气球表面的圆点互相分开一样。然而在最近十几年他们又认识到，如果星系只受宇宙膨胀影响的话，大多数星系相互远离的速度都应该比实际观测结果更快。还有一个较为局域性的力量也在发挥作用——来自周围其他物质聚集体的引力拖曳能够抵消星系随宇宙膨胀的运动。星系实际的运动速度是源于宇宙膨胀的速度和源于星系局域环境的速度的叠加，而后者被称为本动速度。

把我们能看到的所有星系里的恒星、所有的气体和其他我们知道的普通物质都加到一起，产生的引力还是不足以解释星系的本动速度，还差一个数量级。天文学家称这些缺少的部分为"暗物质"。我们相信，暗物质粒子和宇宙其他成分只通过引力相互作用，不会通过其他力（如电磁力）作用，并且暗物质补足了要解释观测到的星系速度所"缺少"的引力。科学家认为，星系位于暗物质池塘的深处——暗物质像隐形的脚手架，星系围绕着它们不断聚集成长。

塔利团队和其他研究者意识到，创建星系流和本动速度的地图能够揭示暗物质在宇宙里的隐形分布，从而通过它们对星系运动的引力作用来发现这种神秘物质的最大集合体。如果星系的流动方向都指向一个特定的点，我们就可以假设这些星系都受到一个高物质密度区域的引力作用，从而被拖向了这个点。

他们同样意识到，弄清楚宇宙中所有形式物质的密度和分布，有助于解决另一个更深奥的谜题：宇宙不仅在膨胀，而且这种膨胀还在不断加速。这种行为就像抛向空中的石头向天空直冲而去并不落回地面一样违背常理。驱动这种奇怪现象的力量被叫作"暗能量"，它对宇宙的未来有着深远的影响。加速膨胀意味着宇宙最终会经历一个冰冷的死亡过程——大部分的星系会以不断加快的速度远离彼此，直到每个星系中的每颗恒星都死去，所有物质都冷却到绝对零度，最终的黑暗就会降临宇宙。但想要明确知道宇宙最终的结局，不仅需要确定暗能量到底是什么，还需要知道宇宙中有多少物质：如果物质密度足够高，在物质的自引力作用下，我们的宇宙在遥远的未来就能够从膨胀反转为坍缩。或者，宇宙物质密度恰好在一个平衡点上，能够实现一个不断减缓但是无限持续的膨胀过程。

为了测量宇宙普通物质和暗物质密度，塔利团队开始绘制星系流，这最终引领他们发现了拉尼亚凯亚。

发现拉尼亚凯亚

描绘星系流需要同时知道星系源于宇宙膨胀的运动和源于附近物质引力的运动。作为第一步，天文学家测量了星系的红移。红移指的是星系随着宇宙膨胀退行时，它所发出的光的波长也被拉长了。汽笛朝我们运动时比远离时声调更高，因为它所发出的声波被压缩到了更高的频率和更短的波长。同样地，远离我们的星系所发出的光波也会偏移到更低的频率和更长、更红的波长——它们退行得越快，红移也越大。因此，天文学家可以利用一个星系的红移测量其整体运动速度，并粗略地估计它的距离。

第二步，天文学家可以通过除了红移外的其他手段测量星系的距离，从而推测出星系的速度有多少是来自于局域的引力拖曳作用。例如，基于对宇宙膨胀率的精密估计，一个 325 万光年外的星系的速度应该是大约 70 千米 / 秒。如果从星系红移得到的速度是 60 千米 / 秒，天文学家就可以推测出这个星系周围的物质集合体给了它 10 千米 / 秒的本动速度。与红移无关的距离测量方法大多数依赖于光的强度与距离平方成反比的定律。也就是说，如果你看到两个相同的灯塔，并且其中一个的亮度只有另一个的四分之一，那么你就可以知道较暗灯塔的距离是另一个的两倍。在天文学里，这样相同的灯塔被称为标准烛光——无论在宇宙何处发光强度（光度）总是相同的天体。这样的例子包括某些特定类型的爆炸恒星或者脉动变星，甚至也包括塔利和 J. 理查德·费希尔（J. Richard Fisher）在 1977 年首先提出的大质量星系。他们提出的塔利－费希尔关系利用了这样的一个事实：大质量星系比小质量星系光度更高且旋转更快——大质量星系拥有更多的恒星，而且因为引力场更强，它们也必须旋转得更快才能保持稳定。测量星系的旋转速度，你就知道了它的本征光度；再与它的视亮度相比，你就知道了它的距离。

每种标准烛光都有其适用的距离范围。类似造父变星这样的脉动变星只有所在星系离银河系很近时才能被很好地观测到，所以它们不适用于大尺度的距离测量。塔利－费希尔关系能够用于许多旋涡星系，但是估算出的距离的误差最高有 20% 左右。类似 Ia 型超新星这样的爆炸恒星测量出的距离误差要小一半左右，同时在很大的宇宙距离内都可以被观测到，但是它们很稀少，在正常大小的星系内大约一个世纪只有一例。

如果可以获得大量星系的本动速度数据，天文学家就可以绘制大尺度上的星系流。在这种庞大尺度上，星系的流动可以类比于在"宇宙分水岭"之间蜿蜒流过的河水，只是决定它们运动的不是地形，而是附近结构的引力。在这些"宇宙地形图"上，星系像水流一样流动、在漩涡里盘旋、在池塘里聚集，这些运动间接揭示了宇宙中最大物质聚集体的结构、动力学、起源和未来。

为了在足够大的尺度上绘制星系流，从而回答关于暗物质和暗能量的问题，我们需要搜集整理大量观测项目所能得到的最佳数据。在 2008 年，塔利与里昂大学的埃莱娜·M. 库尔图瓦（Hélène M. Courtois）以及他们的同事发布了 Cosmicflows 目录，他们通过整理多个数据源得到了距银河系 1.3 亿光年范围内 1800 个星系的详细动力学信息。该团队在 2013 年更进一步，发布了 Cosmicflows-2 目录，记录了 6.5 亿光年范围内的 8000 个星系的运动。团队中的一员，来自耶路撒冷希伯来大学的耶胡达·霍夫曼（Yehuda Hoffman），开发了根据 Cosmicflows 的本动速度数据来精确得到暗物质分布的方法。

随着目录的扩大，我们惊讶地发现，海量的数据中隐藏着一个出人意料的模式：一个崭新的、我们未曾看到过的宇宙结构的轮廓。在直径超过 5 亿光年的范围内，所有星系团都在一个局域的"吸引盆地"内一起运动，就像水流在地势的最低点积蓄一样。如果不是宇宙的持续膨胀，这些星系会最终聚集成一个致密的引力束缚结构。这一大群星系共同组成了拉尼亚凯亚超星系团。

到目前为止，对拉尼亚凯亚中星系运动的研究显示，它们的行为与主流暗物质分布模型的预测完全一致——尽管看不到暗物质，但我们能以较高的精度预测宇宙中这些不可见的物质积聚在何处。此外，拉尼亚凯亚中可见物质和暗物质的总密度表明，宇宙将永远加速膨胀下去并最终迎来冰冷的死亡，正如研究暗能量的天体物理学家所设想的那样。

这个结论仍然是暂时性的，测绘星系流的繁重任务仍有很长的路要走。目前，在 5 亿光年内只有 20% 的星系的本动速度已被测量出来，而且许多标准烛光的距离测量仍然有很大的误差。尽管如此，这个逐渐浮现的星系地图让我们对自己在宇宙中的位置有了新的认识。

我们身处的宇宙环境

让我们游览一下我们新发现的家园拉尼亚凯亚中正在流动和奔涌的部分，从最熟悉的部分——你开始。不论你在读这篇文章时在地球上运动得是快是慢，你都在随着我们星球的其他部分一起以大约 30 千米/秒的速度环绕太阳运转。太阳自身也在以大约 200 千米/秒的速度围绕银河系中心转动，而包括银河系在内的整个本星系群正以超过 600 千米/秒的速度向着半人马座方向的一个神秘质量聚集中心疾驰。你或许从未想过，当你只是简单地阅读一本书或什么都没做时，居然可以运动得如此之快。

跳出银河系的范围，我们在拉尼亚凯亚广阔区域内的旅行从两个矮星系开始——距离我们"仅"有 18 万~22 万光年远的大小麦哲伦云（大麦哲伦星系和小麦哲伦星系）。你可以在地球南半球瞥见它们，但是要获得最佳观测效果，你必须在冬天赶赴南极洲。另一个我们能用裸眼看到的星系是仙女星系，一个巨大的旋涡星系，不过它在非常暗的夜空里看起来也只是一个模糊的斑点。

仙女星系距离我们 250 万光年，以大约 110 千米/秒的本动速度朝我们疾驰而来。在差不多 40 亿年之后，它就会与银河系迎面撞到一起，两个星系并合成一个由老年红色恒星组成、没什么特征的椭圆星系。在这场宇宙"车祸"中，我们的太阳系不太可能会受到影响——恒星间的距离是如此之大，以至于没有哪两个恒星能贴近到足以发生碰撞的程度。银河系、仙女星系以及其他 40 多个星系都是本星系群的成员，而这片区域正在经历坍缩，因为它的引力已经战胜了宇宙膨胀。

在本星系群之外，大约 2500 万光年的范围内，在我们的地图中出现了三个显著的地标。包括我们的银河系在内，这里的大部分星系都身处一个名字起得毫无想象力的系统里——本星系墙（Local Sheet）。它很薄——里面的多数星系都分布在厚度为 300 万光年的结构内，它的赤道面被称作超星系团平面。赤道面下面有一段空隙，再下面是一条星系纤维状结构——狮子支（Leo Spur），还有唧筒和剑鱼云（Antlia and Doradus Clouds）里的星系。而赤道面的上方几乎什么都没有。这片空旷区域是本空洞（Local Void）的地盘。

如果只考虑本星系墙内的星系，情况看起来显得非常平静。这些星系以宇宙膨胀的速度互相分开，局域相互作用引起的本动速度很小。在本星系墙的下面，唧筒和剑鱼云，还有狮子支中的星系的本动速度也很小。但是它们却在朝本星系墙高速运动。本空洞很可能是导致这个现象的罪魁祸首。空洞像充气的气球一样扩张，导致物质从低密度区往高密度区移动，从而堆积在空洞的边界上。按我们现在的理解，本星系墙是本空洞的一面墙，这个空洞正在一步步地膨胀从而把我们推往唧筒和剑鱼云，以及狮子支的方向。

把镜头进一步拉远，我们会邂逅室女星系团，它的星系数目是本星系群的300倍，但都挤在直径1300万光年的范围内。这些星系以700千米/秒的典型速度在星系团内快速穿行，距离星系团外缘2500万光年内的任何星系都会在100亿年内掉落进去成为它的一部分。室女星系团完整的统治范围，也就是最终会被它俘获的星系所在的区域，目前半径达到了3500万光年。有趣的是，我们的银河系与它之间的距离是5000万光年，刚好位于这个俘获区域的外面。

庞大星系流

室女星系团周围把我们所在的位置也囊括进去的更大的区域，被称作本超星系团。在大约30年前，被戏称为"七武士"的一群天文学家发现，不仅银河系在以几百千米 / 秒的速度朝半人马座运动，整个本超星系团也都在做同样的运动。他们把拖曳这些星系运动的神秘质量称为巨引源。在许多方面来说，巨引源并不神秘——宇宙那个方向的物质密度明显很高，因为以它为中心的 1 亿光年范围内包含了 7 个和室女星系团差不多的星系团，其中最大的 3 个星系团是矩尺星系团、半人马星系团和长蛇星系团。

根据我们把超星系团作为宇宙分水岭的构想，它们的边界是根据星系发散的运动而画出来的，这么说来，所谓的本超星系团名不副实。它只是一个更大结构，也就是拉尼亚凯亚超星系团的一部分，后者还包括了其他的大尺度结构，例如孔雀 - 印第安超星系团和蛇夫超星系团。把拉尼亚凯亚想象成一个城市，交通拥挤的市中心就是巨引源区域。正如大部分都市核心一样，我们很难确定一个精准的中心，它的大概位置是在矩尺星系团和半人马星系团之间的某处。根据这样的定位，我们的银河系就被放到了远郊，接近拉尼亚凯亚与毗邻的英仙 - 双鱼超星系团的交界处。这条边界线在宇宙尺度下离我们相对很近，因此我们可以通过对它的仔细研究来界定拉尼亚凯亚直径约 5 亿光年的近圆边界。总的来说，拉尼亚凯亚的边界内正常物质和暗物质的总质量相当于大约 10 亿亿个太阳。

天文学家在过去的几十年里也瞥见了一些可能位于拉尼亚凯亚之外的结构的轮廓。在"七武士"发现巨引源之后，天文学家很快就发现了一些更大的结构。就在巨引源的背后，大约 3 倍远的地方，是一个巨大的星系团聚集体——这是局域宇宙中目前所知最密集的结构。因为天文学家哈罗·沙普利（Harlow Shapley）在 20 世纪 30 年代第一个发现了它存在的证据，这个遥远的巨大结构也被称为沙普利超星系团。（巧合的是，就像本星系墙一样，室女星系团和本超星系团的主要部分，以及巨引源和沙普利超星系团都落在超星系赤道面上。想象一下一个由超星系团组成的庞大薄饼，你就会对我们的大尺度局域宇宙有个直观的印象。）

那么，是什么让我们的本超星系团的本动速度达到了 600 千米 / 秒？在某种程度上，罪魁祸首是巨引源集合体。但是我们必须同时考虑到沙普利超星系团的引力拖曳，虽然它的距离是 3 倍远，但是它拥有 4 倍数量的富星系团。现在，根据 Cosmicflows-2——就是揭示了拉尼亚凯亚超星系团的那个星系目录，故事没那么简单。这个目录里的 8000 个星系的本动速度都表明它们在一致地朝向沙普利超星系团运动。这种流动在 Cosmicflows-2 目录覆盖的整个 14 亿光年的范围内都存在。它是否会在某处停下？我们还不知道。只有利用更大的巡天项目描绘出越来越大的宇宙区域，才能揭示出我们局域宇宙中星系壮观运动背后的最终根源——以及最终结构。

宇宙风景

尽管星系包含了数以千亿计的恒星，但它们并不是宇宙中最大的结构。通过引力的相互束缚，数百个星系可以组成一个星团。引力也可以把星系团集中在一起形成包含数十万星系的超星系团。在这种等级结构下，我们太阳系的宇宙地址传统上可以写为：银河系、本星系群，以及最终的本超星系团。然而现在最新的研究表明，我们的本超星系团实际上只是另一个比它还要大 100 倍的超星系团的一部分。这个更大的超星系团就是拉尼亚凯亚，在夏威夷语里的意思是"无尽的天堂"。

绘制拉尼亚凯亚超星系团

整体来考虑的话，星系的位置和运动或是随宇宙膨胀而发散的，或是受到引力作用而聚拢。在引力的聚拢作用开始严重阻碍宇宙膨胀导致的发散运动的位置，就可以画下超星系团的边界。我们在这里绘出了超过 8000 个星系的位置，并且用颜色来表示它们的相对运动（同时考虑了聚拢和发散运动时的速度和轨迹）。暖色调（黄色和粉色）的轮廓线代表星系团快速地聚拢到一起。拉尼亚凯亚的轮廓线用的是冷色调的蓝色，勾画出了星系团聚拢最慢的位置。拉尼亚凯亚横跨将近 5 亿光年，在这范围内的星系如果没有宇宙膨胀的影响的话，将会聚集成单个引力束缚结构。在拉尼亚凯亚边界之外我们可以看到沙普利、武仙、英仙 - 双鱼超星系团以及其他邻近的超星系团。

拉尼亚凯亚
超星系团

随星系一起流动

进一步放大拉尼亚凯亚的细节，我们可以对暗物质的分布和星系演化的过程有新的了解。例如，对拉尼亚凯亚做一个包含银河系和一些本星系群星系的三维切片（详情见下图）。箭头标识了星系的运动方向，它们像水一样往高物质密度和强引力的区域，从而远离低密度区。星系的整体运动揭示了宇宙中的物质（普通物质或者是暗物质）聚集点。里伯斯金所测量的星系流动表明，本星系群沿着一个 5000 万光年长的暗物质纤维结构朝室女星系团（包含挤在 1300 万光年范围内的超过 1000 个星系）掉落。这样的纤维结构被认为在星系的形成和演化过程中起到了重要作用。

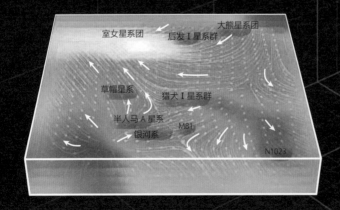

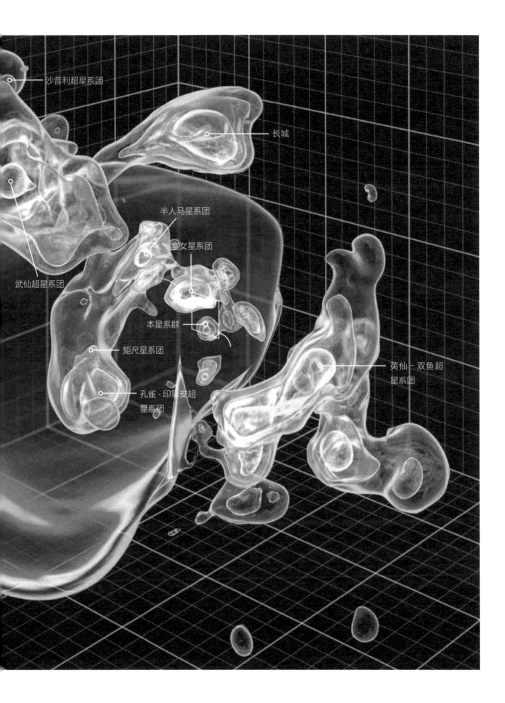

沙普利超星系团

长城

半人马星系团

室女星系团

武仙超星系团

本星系群

矩尺星系团

英仙－双鱼超
星系团

孔雀·印第安超
星系团

量子纠缠创造了虫洞[○]

量子纠缠和虫洞这两种看似毫不相关的
奇异物理现象可能在本质上是一回事。

胡安·马尔达西纳（Juan Maldacena）

王少江　译　　蔡荣根　审校

　　理论物理充满了令人难以置信的想法，其中最诡异的两个还要数量子纠缠和虫洞。量子纠缠由量子力学理论预言，是指两个没有明显物理联系的物体（通常是原子或亚原子粒子）之间存在一种令人惊异的关联。而虫洞由广义相对论预言，是连接时空里相距遥远的两个区域的捷径。最近，包括我在内的几位理论物理学家的研究暗示，这两个看起来截然不同的概念之间存在联系。基于对黑洞的计算，我们意识到量子力学的纠缠和广义相对论的虫洞或许在本质上是等价的，是同一个现象的不同描述，而且我们相信，这种相似性同样适用于黑洞以外的场合。

　○　本文写作于 2017 年。

这种等价关系会带来深远的影响。这说明宇宙中还存在更基本的微观成分，而时空本身则是从这些成分间的纠缠中显露出来的。还有一点，尽管科学家一直认为纠缠物体之间没有物理联系，但实际上它们可能通过某种方式连在一起，而且这种方式远没有我们认为的那般奇异。

此外，纠缠和虫洞的这种联系还可能有助于建立一个量子力学和时空的统一理论——物理学家称之为量子引力理论，它能从原子和亚原子领域的相互作用定律中导出宏观宇宙的物理规律。这样一个理论对于理解宇宙大爆炸和黑洞内部是必要的。

有趣的是，量子纠缠和虫洞都能追溯到由爱因斯坦及其合作者们在 1935 年所写的两篇文章。表面上看，两篇文章是在处理完全不同的现象，爱因斯坦可能从未想到它们之间竟然存在着某种联系。事实上，纠缠这个量子力学的特性曾经让爱因斯坦无比烦恼，还被他称为"幽灵般的超距作用"。但讽刺的是，它如今可能为爱因斯坦的相对论提供桥梁，使其延伸到量子领域。

黑洞和虫洞

为了解释我为什么认为量子纠缠会和虫洞联系到一起，我先得描述黑洞的几个性质，这些性质与我的想法密切相关。黑洞是弯曲的时空区域，与我们所熟知的、相对而言未被扭曲的空间非常不一样。黑洞的一个显著特征是我们能够将它的几何结构分隔为两个区域：一个是空间被扭曲，但物体和信息仍能逃离的外部区域；另一个是物质和信息进去之后就再也无法出来的内部区域。内部和外部被一个名为"事件视界"的表面分隔开来。广义相对论告诉我们，视界只是一个想象出来的表面，当一个宇航员穿越视界的时候并不会感到任何异样。但是一旦穿过它，这个空间旅行者将注定被挤压进一个有着巨大曲率且无法逃离的区域。（事实上，相对外部而言黑洞内部实际上是在未来，所以旅行者无法逃离，因为他无法穿越回过去。）

在爱因斯坦提出广义相对论仅仅一年后，德国物理学家卡尔·史瓦西（Karl Schwarzschild）找到了爱因斯坦场方程的一个最简单的解，描述了日后被称为"黑洞"的天体（这个解被称为史瓦西黑洞）。史瓦西计算出的时空几何结构是如此的出人意料，以至于科学家直到 20 世纪 60 年代才真正理解到，这个结构描述的其实是连接两个黑洞的虫洞。从外部看，两个黑洞是相距很远的两个独立实体，然而它们共有一个内部区域。

在 1935 年的论文中，爱因斯坦和他的合作者内森·罗森（Nathan Rosen，当时也在普林斯顿高等研究院）推测，这个共有的内部区域其实是某种虫洞（虽然他们没有完全理解虫洞所代表的几何结构），因此虫洞也被称为"爱因斯坦 – 罗森桥"。

史瓦西黑洞与宇宙中自然形成的黑洞不同的地方在于，前者不包含物质，仅仅是弯曲的时空。因为有物质存在，自然形成的黑洞只有一个外部区域，而大多数研究者认为一个完整的史瓦西黑洞有两个外部区域，因此这个解是一个与宇宙中的真实黑洞无关的有趣数学结果。但不管怎样，这都是一个有趣的解，物理学家对它的物理解释也很好奇。

史瓦西解告诉我们，连接两个黑洞外部区域的虫洞是随时间变化的——随着时间流逝变长变细，就像面团被拉成面条一样。同时，在某一点交汇的两个黑洞的视界将迅速分离。事实上，它们分开得如此迅速，以至于我们无法利用这样一个虫洞从一个外部区域旅行到另一个外部区域。换句话说，这座"桥"在我们穿过前就已经坍缩了。在面团拉伸的类比中，桥的坍缩对应于面团被拉伸成面条后变得无限细。

要着重指出的是，我们所讨论的虫洞与广义相对论中不允许超光速旅行的定律是相容的，这一点不同于科幻作品中的那些虫洞。科幻电影中的虫洞允许相距遥远的空间区域之间的瞬时传送，比如电影《星际穿越》中的情节。科幻作品经常违反已知的物理定律。

如果一部科幻小说写到了像我们所说的这种虫洞，那么小说描述的场景就会像下面这样。假设有一对年轻的情侣罗密欧（Romeo）和朱丽叶（Juliet），他们两边的家庭都反对他们在一起，所以将罗密欧和朱丽叶送到不同的星系，禁止他们往来。然而这对情侣非常聪明地造出了一个虫洞。这个虫洞从外部看像一对黑洞，一个在罗密欧所处的星系，另一个在朱丽叶所处的星系。这对情侣决定跳入他们各自的黑洞。对他们的家庭而言，他们就是跳入黑洞殉情，永远不会再有消息了。然而外部世界所不知道的是，虫洞的时空几何结构允许罗密欧和朱丽叶在共有的内部区域相遇。因此，他们能够幸福地相处一段时间，直到"桥"坍缩并摧毁内部区域。

量子纠缠

1935 年的另外一篇论文讨论了另一个我们感兴趣的现象——纠缠，这篇论文是爱因斯坦、罗森和鲍里斯·波多尔斯基（Boris Podolsky，当时也在普林斯顿高等研究院）合作撰写的。也正是因为这篇论文，三位作者被合称为 EPR（取自三人姓氏首字母）。在这篇著名的论文中，他们提出，量子力学允许相距遥远的物体之间存在某种奇特的关联，即纠缠。

这种关联也可以出现在经典物理中。想象一下，你把一只手套忘在家里，只带了一只出门。在查看口袋前，你并不知道自己带的是左手那只还是右手那只。而一旦你看到带的是右手那只，你马上就能知道落在家里的那只是左手的。但是，纠缠牵涉的是另一种截然不同的关联，这种关联只存在于由量子力学支配的物理量之间，而这些量遵守海森堡不确定性原理。这一原理断言，存在一些成对的物理量，我们不能同时精确地知道它们的值。最著名的例子就是一个粒子的位置和速度：如果我们精确地测量到它的位置，那么它的速度将变得不确定，反之亦然。EPR 想知道，如果我们测量一对相距遥远的粒子各自的位置或者速度，会发生什么。

EPR 所分析的例子涉及两个相同质量的粒子，在一个单一的维度（数轴）上运动。不妨称呼这两个粒子为 R 和 J，这样我们可以想象它们是罗密欧和朱丽叶测量的两个粒子。我们以某种方式制备这对粒子，使得它们的质心有一个明确的位置，我们将质心坐标设为 x_{cm}，则 $x_{cm}=x_R$（R 粒子的坐标）$+x_J$（J 粒子的坐标）。我们可以要求质心坐标等于零，也就是说，这两个粒子总是处在与原点等距离的位置上。它们的相对速度 v_{rel} 等于 R 粒子的速度（v_R）减去 J 粒子的速度（v_J），我们可以取一个确定的值（如 v_0）。换句话说，两个粒子的速度差保持不变。虽然我们同时精确地指定了位置和速度，但针对的不是同一个物体，所以并不违反不确定性原理。现在我们有两个不同的粒子，尽管不能同时精确地知道单独一个粒子的位置和速度，但我们完全可以确定第一个粒子的位置和第二个粒子的速度。

接下来我们进入最精彩的部分，这也是量子纠缠让人感到不可思议的地方。试想，我们的两个粒子相距遥远，然后两个同样相距遥远的观察者——罗密欧和朱丽叶，决定去测量粒子的位置。根据上述制备粒子的方式，如果朱丽叶确定 x_J 等于某个特定值，罗密欧将发现他的粒子的坐标正好是朱丽叶那个粒子的坐标的负值（$x_R=-x_J$）。需要注意的是，朱丽叶的结果是随机的——她的粒子的位置将随着每次测量而变化，而罗密欧的结果则完全由朱丽叶的结果所决定。现在假设他们都测量了各自粒子的速度。如果朱丽叶得到一个具体值 v_J，那么罗密欧肯定会发现他所测得的速度是朱丽叶的值加上相对速度（$v_R=v_J+v_0$）。再一次地，罗密欧的结果完全由朱丽叶的结果决定。当然，罗密欧和朱丽叶可以自由选择测量哪个量。特别是，如果朱丽叶测量的是位置而罗密欧测量的是速度，那么他们的结果将是随机的而不呈现任何关联。

奇特的是，即使罗密欧对粒子位置和速度的测量受到了不确定性原理的限制，如果朱丽叶决定测量她的粒子的位置，那么一旦罗密欧获知了朱丽叶的测量结果，他的粒子也将有完全确定的位置。而且同样的事情也会发生在速度测量上。看起来仿佛一旦朱丽叶测量了位置，罗密欧的粒子就立即"知道"它有一个确定的位置和一个不确定的速度；而如果朱丽叶测量了速度，罗密欧的粒子就会有确定的速度和不确定的位置。乍一看，这种情况好像允许一种信息的即时传递：朱丽叶可以测量她的粒子的位置，而罗密欧就能得知他的粒子有一个确定的位置，由此推断朱丽叶选择测量的物理量是位置。然而，在不知道朱丽叶所测位置的实际值的情况下，罗密欧不会意识到他的粒子有了确定的位置。所以实际上量子纠缠所造成的关联并不能用来超光速传递信号。

虽然已经在实验中得到证实，但纠缠看起来仍然只是量子系统一个深奥难懂的特性。不过，在过去的二十多年里，这些量子关联已经促使加密技术和量子计算等领域产生了许多实际应用和突破。

虫洞等价于纠缠

那么，我们是怎样把两个截然不同的奇异现象——虫洞和纠缠——联系到一起的呢？对黑洞的深度思考引领我们走向了这个答案。1974 年，斯蒂芬·霍金（Stephen Hawking）发现量子效应将导致黑洞像热物体一样辐射，证明了没有任何东西能从黑洞逃离的传统观点实在是过于简化了。黑洞辐射的事实暗示它们具有温度——这一点有着非常重要的意义。

自 19 世纪以来，物理学家就认识到温度源自一个系统中微观组分的运动。例如，气体的温度源自气体分子的随机运动。因此，如果黑洞有温度，那么它们就应该也有某种微观组分，这些组分可以具有各种不同的组态，即所谓的微观态。我们也相信，至少从外部看来，黑洞应该表现得像一个量子系统，也就是说，它们应该遵循所有量子力学的定律。总之，当我们从外部看黑洞时，我们应该发现一个拥有许多微观态的体系，而黑洞处于每一个微观态的概率都是均等的。

因为黑洞从外部看就像通常的量子体系，所以我们完全可以认为一对黑洞可以相互纠缠。假设有一对相距遥远的黑洞，每一个黑洞都有很多种可能的微观量子态。现在想象这对黑洞相互纠缠，其中第一个黑洞的每一个量子态都与第二个黑洞的对应量子态关联。特别是，如果我们测量到第一个黑洞处于某个特定的状态，那么另一个黑洞必须正好处于相同的状态。

有趣的是，基于弦论（一种量子引力理论）的特定考量，我们认为，一对微观态以这种方式（即所谓 EPR 纠缠态）纠缠的黑洞将产生这样一种时空结构：有一个虫洞将两个黑洞内部连接起来。换句话说，量子纠缠在两个黑洞之间创造了一个几何连接。这个结果是令人惊讶的，因为我们过去认为纠缠是一种没有物理联系的关联。但是，在这种情况下，两个黑洞却通过它们的内部产生了物理联系，通过虫洞相互接近了。

我和美国斯坦福大学的伦纳德·萨斯坎德（Leonard Susskind）将虫洞和纠缠的这种等价性称作"ER=EPR"，因为它把爱因斯坦和他的合作者在 1935 年所写的两篇文章联系在了一起。从 EPR 的角度看，在每个黑洞视界附近进行的观测是彼此关联的，因为两个黑洞处于量子纠缠态。从 ER 的角度看，这些观测是关联的，因为两个系统经由虫洞连接。

现在让我们回到关于罗密欧和朱丽叶的科幻故事，看看这对情侣应该做些什么来制造一对纠缠的黑洞以产生虫洞。首先，他们需要制造大量纠缠的粒子对，就像之前所讨论的那样，罗密欧拥有每个纠缠对中的一个粒子而朱丽叶拥有另一个。然后，他们需要制造非常复杂的量子计算机以操纵他们各自的量子粒子，再以一种可控的方式把这些粒子组合起来，形成一对纠缠的黑洞。要完成这样一个壮举极其困难，但根据物理定律似乎是有可能的。另外，我们之前确实说过罗密欧和朱丽叶非常聪明。

从黑洞到微观粒子

将我们引导至此的理论是许多研究者历经多年建立起来的，它始于维尔纳·伊斯雷尔（Werner Israel）在 1976 年发表的一篇文章，当时他任职于加拿大阿尔伯塔大学。2006 年，笠真生（Shinsei Ryu）和高柳匡（Tadashi Takayanagi）发表了关于纠缠和时空几何之间的联系的有趣研究，他们当时都在加利福尼亚大学圣巴巴拉分校工作。我和萨斯坎德则受到了 2012 年一篇论文的启发，这篇论文是由艾哈迈德·艾勒穆海里（Ahmed Almheiri）、唐纳德·马洛尔夫（Donald Marolf）、约瑟夫·波尔金斯基（Joseph Polchinski）和詹姆斯·萨利（James Sully）共同撰写的，他们当时也在加利福尼亚大学圣巴巴拉分校。他们发现了一个佯谬，与纠缠的黑洞内部的本质有关，而"ER=EPR"理论（黑洞内部是连接另一个系统的虫洞的一部分）则可以在某些方面缓和这个佯谬。

虽然我们是通过黑洞发现了虫洞和纠缠态之间的联系，但我们不禁要猜测，这种联系可能并不局限于黑洞这种情况：只要两个物体存在纠缠，就一定有某种几何联系。即使是最简单的情况，即两个纠缠粒子，这种联系也应当成立。不过，在这种情况下，空间上的联系涉及微小的量子结构，这些结构无法用常规的几何概念来理解。我们仍然不知道如何描述这些微观几何结构，但是这些结构的纠缠或许通过某种方式生成了时空本身。看起来，纠缠可以被看作是联系两个系统的引线（thread）。当纠缠增多时，就有了许多条引线，这些引线能够编织到一起从而形成时空结构。在这个图景中，爱因斯坦的相对论方程支配着这些引线的连接和重连；而量子力学不仅仅是引力的一个附件——它更是时空结构的本质。

目前，上述图景还只是一个大胆的猜测，但有一些线索指向它，而且很多物理学家都在探寻它的含义。我们相信，看起来并不相关的纠缠和虫洞实际上可能是等价的，而且这种等价性为发展量子时空理论以及统一广义相对论和量子力学提供了一个重要的线索。

第 3 章

狂野的宇宙

恒星死亡现场^一

每年都有成千上万的恒星以各种匪夷所思的爆炸结束自己的生命，
天文学家想了解导致这些恒星毁灭的真正原因。

丹尼尔·卡森（Daniel Kasen）

李文雄　译　　王晓锋　审校

在我们可观测到的宇宙中，几乎每一秒都有一个"太阳"在恒星灾变过程中毁灭。这些过程包括恒星的脉动、恒星间的碰撞、恒星坍缩成一个黑洞或者以超新星的形式爆炸。宇宙中这些激烈的活动长久以来被看似平静的夜空所掩盖，不久前才成为天文学关注的焦点。在近一个世纪的岁月中，科学家孜孜不倦地探索宇宙数十亿年的演化历程，但直至最近我们才得以在天甚至小时的时间尺度上分析天体事件，从而见证恒星变化无常的生死历程。

尽管在过去我们缺乏详细研究这些现象的工具，但关于宇宙

⊖　本文写作于 2017 年。

中暂现天体的记载至少可以追溯到一千多年前。中国北宋的观测记录显示，1006 年天空中出现了一颗"客星"，肉眼可见时间长达数周，此后慢慢变暗。1572 年，伟大的天文学家第谷·布拉赫（Tycho Brahe）也记录下了类似的事件。约 30 年后，约翰内斯·开普勒（Johannes Kepler）也观测到了此类事件。我们现在知道，这些历史记录中的异常天象其实就是恒星的超新星爆发。超新星在最亮时，光度可以超过太阳的 10 亿倍，但由于到我们的距离过于遥远，它们在我们看来仅仅是微弱的光点，很容易淹没在浩瀚的夜空中。

现代技术正在革新关于动态宇宙的研究。望远镜已经可以自动运行并且配备了高分辨率的数码相机，产生的观测数据再交给计算机图像处理和模式识别软件进行分析。这些设备定期监控着广大的天区，能够敏锐地发现其中任何突然变亮的天体。在过去大概十年间，这些新技术使得天文学家每年发现成千上万的恒星爆发事件，这意味着每周我们新发现的超新星数量都相当于 20 世纪的总和。

我们不仅发现了更多的超新星，还发现了不可思议的新种类超新星。有一些超新星异常明亮，比普通超新星亮 100 倍；有一些亮度却仅有普通类型的 1%。有一些是深红色的；有一些则主要辐射紫外线而呈现紫外光色。有一些可以维持高亮度长达数年；有一些却在几天的时间里昙花一现。由此可见，恒星死亡方式的多样性要远远超出我们之前的认识。

　　天文学家仍在追寻这些奇怪的恒星爆发事件的成因。显然，这些爆发现象为我们提供了重要的线索，帮我们了解恒星的生死历程并研究最极端的温度、密度和引力条件下的物理学。通过研究各种各样的超新星，我们希望最终可以了解是什么使得恒星瓦解并转变为像黑洞这样的恒星残骸。

　　超新星也可以在一定程度上帮我们认识自己的起源。宇宙在大爆炸之后几乎仅包含氢和氦这两种最轻的元素。根据现有理论，我们遇到的任何较重的元素，如骨头中的钙、血液中的铁等，都是由超新星制造并释放到宇宙空间中的。过去科学家认为，所有较重的元素都是由普通超新星产生的。但现在，他们发现了太多异常的超新星，这表明元素周期表不同区域的元素可能有着不同的起源。通过观测大量各种类型的超新星爆发，我们可以逐渐了解构成地球和所有生命的元素是怎样被制造出来的。

恒星灾变

　　要领会新发现的一些超新星有多么奇特，让我们先看看本身就很奇妙的典型超新星。一颗恒星就是一台稳定的核反应堆：一团大质量的等离子体被引力束缚在一起，高压致密的核心通过核聚变为等离子体提供能量。核聚变产生的热提供向外的辐射压力，与向内的引力相抗衡。超新星爆发表明二者的平衡被打破了——引力远远超过了核反应的辐射压力，或者反过来，辐射压力超过了引力。

最典型的超新星爆发出现在中等质量恒星身上，它们的质量是太阳的 10 倍或更多。在数百万年的生命中，它们不断地通过核聚变将氢变为重元素。一旦核心燃烧成铁（对于核反应来说是无法燃烧的灰烬），聚变就无法持续了。失去了向外的压力，恒星的内核在引力的拉扯下向内坍缩，体积减小到此前的百万分之一，变成被称为中子星的超高密度天体。中子星在直径仅几千米的范围内能容纳质量超过 1 个太阳的物质。这个自由落体过程中释放的巨大能量会将恒星的其余部分炸碎。

为了对典型超新星爆发产生的能量有一个直观认识，想象一下我们的太阳在几秒钟内将足够使用超过 100 亿年的氢元素完全烧光。有一个专门用于计量这种巨大能量的物理单位——贝特 [⊖]。当一颗超新星爆发时，其内部温度上升至 28 亿℃以上，会激发超声速的冲击波，所过之处留下一堆刚刚经聚变产生的重元素，如硅、钙、铁，还有镍、钴和钛的放射性同位素。在几分钟之内，恒星土崩瓦解，成为由灰烬和放射性残骸组成的云团，以3200 万千米 / 小时的速度向外扩散，相当于光速的百分之三。

⊖ 以诺贝尔奖获得者，美国天体物理学家、核物理学家汉斯·贝特命名。典型超新星爆发产生的能量（约 10^{44} J）即为 1 贝特。

幸运的是，我们的太阳因为质量太小所以永远不会成为超新星。但如果它成为了超新星，地球接收到的第一个信号将是足以毁灭这个行星上所有生命的短暂而强烈的 X 射线闪光。在几分钟之内太阳残骸云团的大小会变成太阳此前的两倍，亮度则会增加近 1000 倍。几个小时后太阳的残骸云就会吞噬地球，一天以后木星和土星也会遭此厄运。几周之后太阳的灰烬就会遍布整个太阳系。到那时候，太阳的残骸云将会变得透明，被束缚在其中的光倾泻而出，亮度在顶峰的时候可达到当前太阳的 10 亿倍，之后慢慢变暗。

天文学家几乎从来没有观测到超新星的 X 射线暴，而且我们也很难从历史数据中找到超新星前身恒星的图像。正常情况下我们看到的仅仅是爆炸的余波：膨胀中的巨大云团和持续数周可见的放射性残骸。通过观测这些灰烬，我们试图推理出爆炸之前的恒星是什么类型以及它是如何被摧毁的。

超新星动物园

标志着恒星死亡的超新星爆发，其多样性远高于科学家的预期。近期的观测表明，有的超新星比普通超新星亮 100 倍，也有的超新星亮度只有普通超新星的 1%。天文学家已经提出了若干理论，来解释何种恒星在何种情况下会发生这些异常的爆发。

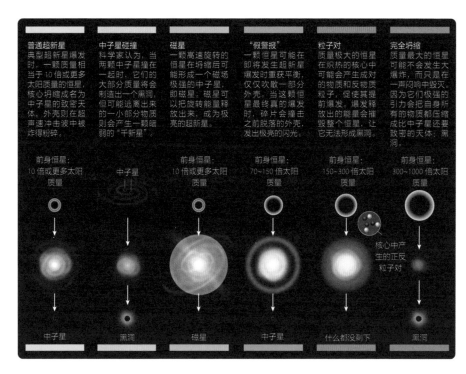

普通超新星
典型超新星爆发时,一颗质量相当于10倍或更多太阳质量的恒星,核心坍缩成名为中子星的致密天体,外壳则在超声速冲击波中被炸得粉碎。

中子星碰撞
科学家认为,当两颗中子星撞在一起时,它们的大部分质量将会制造出一个黑洞,但可能逃离出来的一小部分物质则会产生一颗暗弱的"千新星"。

磁星
一颗高速旋转的恒星在坍缩后可能形成一个磁场极强的中子星,即磁星。磁星可以把旋转能量释放出来,成为极亮的超新星。

"假警报"
一颗恒星可能在即将发生超新星爆发时重获平衡,仅仅吹散一部分外壳。当这颗恒星最终真的爆发时,碎片会撞击之前脱落的外壳,发出极亮的闪光。

粒子对
质量极大的恒星在炽热的核心中可能会产生对的物质和反物质粒子,促使其提前爆发。爆发释放出的能量会推毁整个恒星,让它无法形成黑洞。

完全坍缩
质量最大的恒星可能不会发生大爆炸,而只是在一声闪响中毁灭。因为它们极强的引力会把自身所有的物质都压缩成比中子星还要致密的天体:黑洞。

前身恒星:10倍或更多太阳质量 → 中子星

中子星 → 黑洞

前身恒星:10倍或更多太阳质量 → 磁星

前身恒星:70~150倍太阳质量 → 中子星

前身恒星:150~300倍太阳质量 — 核心中产生的正反粒子对 → 什么都没剩下

前身恒星:300~1000倍太阳质量 → 黑洞

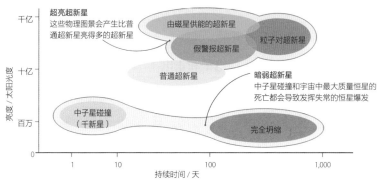

超亮超新星
这些物理图景会产生比普通超新星亮得多的超新星

由磁星供能的超新星

粒子对超新星

假警报超新星

普通超新星

暗弱超新星
中子星碰撞和宇宙中最大质量恒星的死亡都会导致发挥失常的恒星爆发

中子星碰撞(千新星)

完全坍缩

亮度 / 太阳光度:千亿、十亿、百万、0

持续时间 / 天:1、10、100、1,000

插图:Jen Christiansen

亮得不可思议

在最近发现的奇异超新星家族的成员中，最引人注目的也许是那些能量最高的爆发——我称之为超亮超新星（ultranova），其亮度是正常超新星的100倍以上，是目前发现的最亮、最远的超新星，几乎在整个可观测宇宙中都可看见。这种事件是极为罕见的，可能1000次超新星爆发中只有一个这样的例子。天文学家现在还没有确定无疑的证据来解释这些爆发为什么这么亮。但他们提出了三个主要的理论。可能其中的某个理论可以解释大多数甚至所有我们看到的超亮超新星，但更可能的是，三种物理图景都有一定的发生概率。

"粒子对"超新星　　自然而然地，很多研究者尝试寻找超亮超新星与超大质量恒星的联系。理论表明，质量非常大的恒星的确是相当脆弱的，容易受到各种不稳定性的影响。尤其是150~200倍太阳质量的恒星，其核心会变得非常热，从而会产生一批正反物质粒子对（即电子和正电子）。产生这些粒子需要消耗能量，这会减小恒星向外的压强，使得仍有核燃料可用的核心向内坍缩。这样的后果是灾难性的。核心向内坍缩会加速核聚变过程，使其失去控制，把几乎所有的东西都烧光。大约100贝特的能量瞬间释放出来，会让坍缩过程反转，把恒星彻底爆开，最后任何物质都不会剩下。

这些最猛烈的核爆炸会产生残骸云团，其中的放射性物质比普通超新星的残骸多 1000 倍。因为这些云团理应质量极大且很不透明，所以光在其中要花一年甚至更长的时间才能逐渐扩散开。因此，我们预期这些爆炸的余辉非常明亮且会持续很久。几个近期发现的超亮超新星确实表现出了这些性质，因此一些天文学家声称，我们已经看到了巨大的恒星死于微观粒子对的肆虐。另外一些天文学家并不认同这一观点，他们认为这些数据用其他理论可以得到更好的解释。我们希望，未来通过对这些明亮且长时间持续的事件的观测可以更好地了解恒星残骸云的成分和速度，从而判断这种物理图景是否正确。

"假警报"超新星 另一种解释超亮超新星的理论是这些超亮超新星起源于质量稍小的恒星（约 70~150 个太阳质量）。天文学家认为，和更重的家族成员一样，它们也比较容易受类似的不稳定性的影响，但情况往往不会那么糟。当这类恒星开始收缩，点燃更多的核燃料后，有可能会反弹、膨胀，并在核聚变失去控制之前使得核反应停止，从而存活下来。但在重新达到平衡状态的过程中，它们很可能会将很多外层物质吹散，产生一个"冒牌"超新星—— 一次类似暗弱超新星的爆发，而实际上只是恒星的一次濒死体验。

在这个质量范围内的恒星有可能经历数次这样的劫难，每次丢失掉一些物质，直到最终耗尽核燃料并像普通超新星一样爆发。当这样一颗恒星真正死亡的时候，它会把残骸驱散到恒星周围的环境中，而这里已经充满了以前爆发留下来的外壳物质。超新星的残骸与这些外壳物质的剧烈碰撞将会产生极其明亮的恒星焰火，这可以解释一部分超亮超新星。

自动化巡天在近几年记录到了这种大质量恒星晚年的暴躁活动。2009 年，天文学家注意到一颗看起来很普通，只是有点暗的超新星。这颗被命名为 SN 2009ip 的超新星在几周之后变暗，并很快被人们遗忘了。出乎所有人意料，一年之后在完全相同的位置又出现了一颗暗"超新星"。显然这颗恒星并没有死亡。2012年，天文学家观测到了它的第三次爆发，而仅一个月后又有一次很亮的爆发。

一些科学家相信，倒数第二次爆发意味着这颗恒星真正死亡，而最后最亮的闪光则是超新星的残骸云撞入此前爆发抛出的物质而产生的。另一些科学家则认为这颗恒星依然健在，而且在未来还会用更多的爆发和我们玩捉迷藏。虽然尘埃落定还需要几年的时间，但正像我们设想的那样，我们现在已经看到了大质量恒星生命晚期这种剧烈的不稳定性。

"磁性"超新星　最后一种解释超亮超新星的理论认为，造成它们超高亮度的主要原因并不是极大的质量，而是极快的转动。初始质量为 10~60 倍太阳质量的恒星最可能以超新星的形式结束生命，最终形成中子星。如果一颗这样的恒星原本就转得很快，那么其核心坍缩可以使中子星获得极高的转速，就像一个旋转的滑冰选手收回手臂来加速一样。理论上，一颗中子星的自转速度最高可以达到 1000 转 / 秒，更快的话，中子星就会在离心力作用下解体了。大质量、快速自转的中子星储存的动能是巨大的，最高可达 10 贝特。

这些旋转能量是如何为超亮超新星提供能量的呢？中子星拥有可以传递这种能量的强磁场。为了便于理解，想象在你手掌中旋转一个冰箱磁贴。当你这样做的时候，你扭曲了环绕它的磁场。尽管看不见摸不着，但你消耗的一小部分能量已经被用来在空间中产生电磁场的涟漪。我们认为，中子星周围会发生同样的过程，只是规模要大得多。我们能看到的最令人着迷的例子莫过于蟹状星云—— 一颗在 1054 年就被中国天文学家记载的超新星的遗迹。我们今天所见的蟹状星云发出的光，能量来自一颗旋转的中子星。中子星激发了磁性等离子体的漩涡，这个扭曲的磁场在近 1000 年的时间里提取中子星的自转能量用来加热周围气体，为照亮美丽的星云提供能量。

大约 5 年前，我和加利福尼亚大学圣巴巴拉分校的同事拉尔斯·比尔德斯滕（Lars Bildsten）提出，这个过程的增强版或许可以解释超亮超新星的高光度。如果一颗中子星的磁场是蟹状星云里的中子星的 100~1000 倍，而且以接近解体的极限速度旋转，那它的全部旋转能量几乎可以在一个月时间内耗尽，并使得它的超新星残骸云比蟹状星云亮 100 万倍。尽管这些数字听起来非常极端，但我们已经观测到了一些中子星具有与此相当的磁场（虽然还没有在超新星阶段观测到）。它们被称作"磁星"（magnetar），拥有宇宙中已知最强的磁场。因此超亮超新星有时可能标志着高速旋转磁星的诞生和快速的减速。

奇异超新星

与超亮超新星相反的是，天文学家最近也发现了超新星发挥失常的奇怪现象。大视场巡天已经发现了亮度仅有普通超新星 1% 的奇异超新星。科学家在争论这些暗弱爆发的原因，令人惊讶的是，有人怀疑某些奇异超新星是质量最大的恒星在生命结束时发出的闷响。

失败的超新星　现在我们还不清楚一颗恒星最多能有多大质量，但比较令人信服的区间大概是 300~1000 倍太阳质量（更大质量的恒星可能因为产生粒子对而爆炸）。你或许认为这些庞然大物会产生最壮观的超新星爆发，但实际上它们产生的往往都是哑弹。这类恒星的引力太强，一旦变得不稳定，彻底坍缩将无法避免。坍缩在时空中撕开一个空洞，形成比中子星更为致密的天体：黑洞。

理论模型显示，这类恒星的主体会被黑洞吞噬，从而突然从视野中消失。这种理论上可能存在的扫兴事件被称为"失败超新星"（unnova）。自动巡天寻找这类超新星的方法与寻找正常超新星相反，不是搜寻天空中突然的亮光，而是寻找一瞬间消失的亮星。

尽管没能制造出一次大爆炸，但这类形成黑洞的恒星可能至少会发出一声低鸣。这些恒星的核心被氢元素组成的稀薄气体包围。当恒星的主体被吸入黑洞的视界，这团气体可能被加热、吹散，发出微光。颇为讽刺的是，一颗质量非常大的恒星死亡时却只能产生一次非常暗弱的爆发。

碰撞的中子星 还有一些低光度爆发可能来源于另一种极端情况：两颗中子星的碰撞。大质量恒星经常成对出现，互相绕转。两颗恒星会先后发生超新星爆发，如果二者没有在这些过程中分开，就会留下两个中子星构成的双星系统（或者一个中子星一个黑洞抑或两个黑洞）。随着时间推移，两个致密天体的旋转半径越来越小，最终碰撞、并合成为一个更大的黑洞。最近，科学家发现了两个黑洞并合放出的引力波，从而证实这一过程的确存在。计算表明，当中子星并合时，极端的引力（大约是地球施加于人体引力的 100 亿倍）足以将恒星 99% 的物质都吸入新形成的黑洞里，而恒星表面 1% 的物质则被剥离下来，留在宇宙空间中。

这些逃出黑洞的一小部分物质很可能是一些奇怪的东西，是游离的粒子组成的蒸汽海洋，大部分是中子，还有一些质子和电子。随着气体弥散开来，这些粒子开始结合为更重的原子核。质子因为带有正电荷所以它们之间会相互排斥，但中子是电中性的所以更容易和其他粒子结合。通过逐渐增加中子，原子核变得越来越重，产生一系列元素周期表下半区的元素，例如金、铂和汞，与各种放射性产物如铀、钍混合在一起。科学家认为，中子星碰撞是宇宙中为数不多的能生成这些重元素的事件。

丰富的放射性物质会使得这团残骸云像一颗超新星一样发光。但因为质量比较小（不到真正超新星的 1%），我们预期其亮度仅是普通超新星的 1%，而且只能持续几天。最近我和我在加利福尼亚大学伯克利分校指导的研究生珍妮弗·巴恩斯（Jennifer Barnes）的理论工作表明，这种云团奇异的重金属组分会使得它们发出特定颜色的光，不是深红就是红外。这种现象被称作"千新星"（kilonova）。

近期，天文学家可能第一次在中子星碰撞过程中看到了这种放射性红色"烟雾"。2013 年 6 月，一个短暂的伽马射线暴引起了天文学家的注意，这可能是一次近邻中子星的并合现象。他们将哈勃空间望远镜指向了那个区域，并捕捉到了短暂的红外亮光。几周之后，亮光便消失了。取得的数据虽然很少，但与理论预言的千新星理应具备的特点一致。如果这次事件确实是千新星，那这就是我们第一次直接看到重金属的产生过程。我们想观测更多此类事件，更好地确认这些爆炸合成的重金属数量，从而判断它们是生成了宇宙中所有的金、铂和其他重元素，还是仅仅贡献了一部分。

混沌的宇宙

我们对动态宇宙的研究刚刚拉开序幕。在未来 10 年左右的时间内，将出现一批能够在几天内扫描大部分天区的新型自动望远镜，包括建于美国圣迭戈附近、即将投入使用的兹威基暂现源巡天装置[⊖]，还有位于智利、正在建设中的大型综合巡天望远镜以及 NASA 计划发射到太空的广域红外巡天望远镜。这些项目将会让我们发现的超新星增加数百倍。同时，先进的超级计算机将会有能力构建这些事件的精细三维数值模拟，使我们可以看到这些爆炸恒星核心深处可能发生的事情。

未来几年收集的数据将会被用来检验诸多恒星死亡理论。本文介绍的每种图景在物理上都说得通，但没有被证实。通过观测更多的异常超新星，我们希望能够确定这些可能的爆炸方式有哪些是真正存在的。其实最有可能的是，宇宙比我们想象的要奇怪得多，将会展现出我们现在做梦都想不到的更奇怪的现象。

最终，我们将会更详细地了解构成了我们身体和周围世界的物质的故事。举例来说，你手指上的金戒指，其历史可以追溯

⊖ 于 2018 年投入使用。——编者注

到人类祖先之前。这些物质一开始很可能是在一颗大质量恒星坍缩并被压缩成致密的中子星时，诞生于它的铁核熔炉中。很久以后，也许要过 10 亿年，这颗中子星可能撞上了另一颗致密星，将放射性产物组成的云团抛洒到宇宙空间中。云团以每小时近 1 亿千米的速度在星系中穿行超过 1000 光年，并在途中混合了其他气体，直到最终融入了地球的地壳。过了一段时间，有人拾起遥远恒星的馈赠，将其打造成一枚金戒指并开始讲述他们自己的故事。

在宇宙中寻找"不可能存在"的分子[⊖]

天体化学家正在发现宇宙中许多不可能
存在于地球上的化合物。

克拉拉·莫斯科维茨（Clara Moskowitz）
邵珍珍　译

马头星云里隐藏着一些奇怪的东西。该星云因其形似骏马的轮廓而得名，距离地球 1500 光年，是一团高耸的尘埃和气体云，不断有新的恒星在这里诞生。它是最容易辨认的天体之一，科学家们对它进行了深入研究。但在 2011 年，毫米射电天文研究所（IRAM）和其他机构的天文学家再次将焦点转向它。通过 IRAM 在西班牙内华达山脉的 30 米望远镜，天文学家通过射电波段锁定了马鬃毛的两部分。他们对拍更多的马头星云的照片并不感兴趣；相反，他们感兴趣的是光谱——将光分解，通过读取光谱，揭示星云的化学组成。显示在屏幕上的数据看起来就像心电监护

⊖ 本文写作于 2017 年。

仪上的光点，每一次波动都暗示着星云中的某些分子发出了特定波长的光。

宇宙中的每一个分子都会根据其内部的质子、中子和电子的自旋取向做出特有的波动。在马头星云数据中探测到的大多数波动都很容易找到对应的某种常见的化学物质，如一氧化碳、甲醛和中性碳。但在马头星云内某个地方也有几条很弱的、不知名的谱线，它们彼此间等频率分散。这代表了某个完全未知的神秘分子。

看到这些数据后，巴黎天文台的埃弗利娜·鲁埃夫（Evelyne Roueff）和团队中的其他化学家开始分析，什么样的分子可能产生这种谱线。他们得出结论，这种未知的分子必是一种原子排列成直链的线性分。只有某种特定类型的线性分子才会产生化学家看到的这种光谱图。在研究了一系列可能的分子后，他们锁定其为 $C_3H^{+⊖}$。这种离子是人们以前从未见过的。事实上，根本没有证据证明它的存在。如果能形成，它也非常不稳定。在地球上，它会立即与其他物质发生反应，转变成更稳定的物质。但在太空中，压强很低，分子（或离子）很少与其他物质结合，C_3H^+ 或许能够稳定存在。

鲁埃夫和她的同事们研究了马头星云是否具备形成这种分子

⊖　准确地说是 $l\text{-}C_3H^+$，它是星际分子 $l\text{-}C_3H$ 的离子形态，作者在后文中无歧义的情况下也将其称为分子。——编者注

的物质组成和环境条件。2012 年，他们在《天文学与天体物理学》（*Astronomy & Astrophysics*）杂志上发表了一篇论文，得出结论称，光谱中观察到的这个特别的波动很可能属于 C_3H^+。"我自己也比较自信，"鲁埃夫说，"但我们需要大约两到三年的时间才能让所有人相信我们的证认是正确的。"

起初，一些学者质疑这个说法——如果 C_3H^+ 从未被发现过，鲁埃夫团队怎么能确定就是它呢？C_3H^+ 被证明的关键证据，来自 2014 年德国科隆大学（University of Cologne）的研究人员，他们成功地在实验室里制造出了 C_3H^+。这一发现不仅证明了这种分子的存在，科学家们还能够测量它被激发时产生的光谱——与马头星云中观测到的光谱完全相同。"发现一种我们以前没有真正认识的新分子是非常值得的，"鲁埃夫说，"当你能够通过一系列逻辑来证认它时，你就像一名侦探。"

这只是一种星际分子被发现，宇宙中还有很多未知分子。马头星云中发现了新的分子，这种现象其实并不是什么个例。天文学家观察宇宙的各个地方——如果他们仔细观察的话——他们能看到很多未经证认的光谱线。我们人类所熟悉的、构成地球上物种多样性的化合物，只是宇宙中物质种类的一小部分。最后，经过几十年的理论模型和计算机模拟技术的发展，通过实验室的实验重构新分子，天体化学家们已经证认了许多未知的分子谱线。

马头星云中发现的新分子

天文学家用西班牙的射电望远镜观测马头星云，发现了一种神秘分子的化学特征。该望远镜传回了光谱数据图——一张折线图，纵轴代表从星云发出的不同波长范围内的光的强度。如图所示，某个波长范围内光的强度急剧上升，表明存在一种特定分子，其化学性质允许它在这个波段发射特定波长的光。经过大量研究辨别，研究人员能够确定这个未知的谱线特征来自于之前从未见过的化合物 C_3H^+，它只存在于太空中。

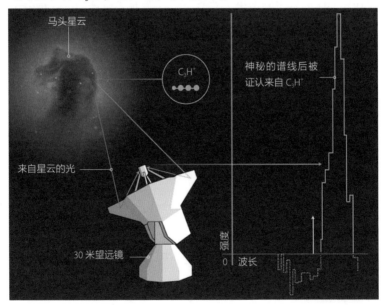

插图：Amanda Montañez

空旷的宇宙

早在 20 世纪 60 年代，大多数科学家还怀疑星际空间中是否存在分子——他们认为，除了原子和一些基本的自由基之外，星际空间的辐射过于强烈，任何物质都无法存在。1968 年，加利福尼亚大学伯克利分校的物理学家查尔斯·汤斯（Charles Townes）决定在太空中寻找分子。"我感觉到伯克利的大多数天文学家认为我的想法有点疯狂。"2015 年去世的诺贝尔奖得主汤斯在 2006 年为太平洋天文学会（Astronomical Society of the Pacific）撰写的一份报告中回忆道。但汤斯没有退缩，坚持研究，为加利福尼亚州帽子溪射电天文台（Hat Creek Radio Observatory）6 米的天线建了一个新的放大器，由此发现了人马座 B2 星云中氨分子的存在。"多么容易，多么令人兴奋！"他写道，"新闻媒体和科学家们开始轰炸式地给我打电话。"

自那以后，天文学家已发现了 200 多种漂浮在太空中的分子。许多都与地球上的分子种类大不相同。"我们通常根据地球上的环境来进行化学研究，"南佐治亚大学的天体化学家瑞安·福滕伯里（Ryan Fortenberry）说，"但如果摆脱这种模式，我们可以创造的化学物质是无限的。你可以想象出一个分子，不管它有多奇怪，在漫长的时间和广阔的空间中，它总有可能存在于某个地方。"

太空是一个陌生的外星环境。温度可以比地球上高得多（比如在恒星的大气层中），也可以低得多（在相对空旷的星际空间中）。同样，压力大小（极高或极低）也与地球相去甚远。因此，分子可以在太空中形成，而且即使它们很容易与其他物质发生作用，它们也可以在太空中存在，而这在地球上是不可能出现的。"一个分子可能要经过很多年才会与星际空间的另一个分子相撞。"美国国家航空航天局（NASA）艾姆斯研究中心的天体物理学家蒂莫西·李（Timothy Lee）说，"它可能在一个没有辐射的区域，所以即使不那么稳定，它也可以存在很长一段时间。"

一旦证认出这些星际分子，我们可以从中学到很多东西。如果科学家能在实验室中制造出它们，并学会利用它们的特性，其中一些可能会对人类大有裨益。其他分子可能有助于解释地球上产生生命的有机化合物的起源。所有这些都将拓展宇宙化学的边界。

改变游戏规则的望远镜

在过去的十年里，随着能够观测微弱谱线的最新望远镜的出现，对星际分子的探索进程也在加速。"现在是天体化学的全盛时期。"苏珊娜·威德克斯·韦弗（Susanna Widicus Weaver）说，她在埃默里大学领导着一个天体化学小组。她说，即使只是 2015 年可以获得的数据，与 10 年前她完成博士学位时相比，也已经有了巨大的进步。NASA 的高海拔平流层红外天文台（Stratospheric Observatory for Infrared Astronomy，SOFIA）安装在波音 747SP 的一侧，于 2010 年开始进行红外和微波波段的观测。欧洲空间局的赫歇尔空间天文台（Herschel Space Observatory）于 2009 年发射升空，观测的目标波段与 SOFIA 相同。

然而，真正改变游戏规则的是多国合作的阿塔卡马大型毫米波 / 亚毫米波阵列（ALMA），它于 2013 年建成，由 66 个射电天线组成。在海拔约 5200 米的查南托高原（一个环境类似火星地表的红色区域，位于世界上最干燥的地方——智利阿塔卡马沙漠），ALMA 相应的天线随着观测者收集天体的辐射而同步旋转。这里的天空晴朗，空气干燥，几乎没有水汽干扰望远镜成像，这给 ALMA 提供了前所未有的高灵敏度和高精度，其观测波段从红外一直到微波。ALMA 为其图像每个像素代表的天体都拍摄了视觉图片和光谱，在它观察的每个天区都产生了数万条谱线。"这太神奇了，同时也让人不知所措，"韦弗说，"这些数据集太大了，他们不得不经常把它们通过闪存盘寄给其他科学家，因为数据无法下载。"海量的数据为天体化学家提供了丰富的新型光谱线。但是，就像犯罪现场未识别的指纹一样，这些谱线对科学家来说毫无用处，除非他们能确定这些谱线分别是什么分子形成的。

谱线证认

为了使分子与这些谱线匹配，科学家可以从几个方面着手。就像 C_3H^+ 的情况一样，天体化学家可能会从光谱的线索猜测它背后的分子。一种叫作"量子化学从头计算"（*ab initio quantum chemistry*）的技术让科学家开始用纯粹的量子力学—— 一种描述亚原子粒子行为的理论——基于组成原子的质子、中子和电子的运动来计算分子的属性。在一台超级计算机上，科学家们可以反复模拟一个分子，每次稍微调整分子的结构和粒子的排列，并观察结果以找到化合物的最佳几何形状。"有了量子化学，我们不再受限于我们能合成的物质，"福滕伯里说，"但我们受到分子大小的限制，需要大量的超级计算机来进行计算。"

研究人员还可以通过在实验室中制造新分子并直接测量它们的光谱特征来寻找新分子存在的确凿证据。一种常见的技术是准备一个气体腔室，然后让电流通过它。电流中的电子可能会与气体分子碰撞，打破其化学键，产生新的物质。研究人员将气压设置得非常低，这样任何产生的化学物质都有机会在碰到另一个分子并发生反应之前停留几分钟。然后，科学家们将用不同波长的光穿过这个腔室，来测量腔内物质的光谱。哈佛－史密松天体物理中心的物理学家迈克尔·麦卡锡（Michael McCarthy）说："你可以在实验室里制造出和在太空中一样的分子，但你不一定知道这种分子是什么。所以，你必须尝试通过不同的实验和不同的样品组合来推断元素组成。"

2006 年，麦卡锡和他的同事制造了带负电荷的离子 C_6H^-，并测量了它的光谱。不久之后，他们在 430 光年外的金牛座星际分子云中发现了同样的光谱特征。先前人们对太空中负离子的研究一无所获，因此许多科学家怀疑它们是否大量存在。麦卡锡说："我们有了一套完整的研究方法，能够在实验室和太空中探测相关分子。"他的团队和其他人现在已经在十几个天体源中发现了 C_6H^-。

20 世纪 80 年代，科学家们试图制造一种新的化学物质，产生了氩氢离子（$^{36}ArH^+$），这是一种在地球上不常见的奇特化合物，它由氢和惰性气体氩组合而成。2013 年，天文学家在太空中发现了 $^{36}ArH^+$，先是在蟹状星云中，后来在 ALMA 观测到的一个遥远星系中。惰性气体元素构成的化合物只有在非常特殊的情况下才会形成，科学家们认为，在太空中，被称为宇宙射线的高能带电粒子撞击氩气，将电子撞松，使其与氢结合。由于这个原因，如果科学家们在太空的某个区域发现了 $^{36}ArH^+$，他们就可以推测这个地方充满了宇宙射线。"这是宇宙射线星际环境的一个非常明确的指针，而这种环境在太空中非常重要。"ALMA 发现团队的领导者、科隆大学的霍尔格·穆勒（Holger Müller）说。

崭新的分子世界

潜伏在恒星和星云中的许多分子对我们来说都是极端陌生的。如果能把它们握在手里，会是什么样子或感觉怎样？这个问题是荒谬的，因为你根本就拿不住它们——它们会马上与其他物质发生反应。如果你确实设法接触了它们，它们几乎肯定会被证明是有毒或致癌的。然而，奇怪的是，科学家们对一些外星分子的气味有了大致的了解：到目前为止在太空中发现的许多分子都属于芳香族化合物，这类物质是苯（C_6H_6）的衍生物，最初因其强烈的气味而得名。

一些新的化合物展示了令人惊讶的原子结构，并以某种不可思议的方式在原子之间共享电荷，这对当前的分子化学键理论提出了挑战。最近的一个例子是 2015 年在一颗濒死恒星中发现的 SiCSi，它由两个硅原子和一个碳原子以一种意想不到的方式结合在一起。由此产生的分子结构相对松散，产生的光谱与简单理论模型的预测也不同。

太空中的分子可能有助于回答最基本的宇宙问题之一：生命是如何起源的？科学家们不知道构成生命的基石——氨基酸是最先出现在地球上还是太空中（然后由彗星和陨石运送到我们的星球）。"关键问题是，它们是在恒星形成时的分子云中诞生，还是在行星或其他大块岩石表面出现？"韦弗发问道。这个问题的答案将决定氨基酸是在宇宙中随处可见、并在无数的系外行星 [⊖]上孕育生命，还是只存在于我们的地球摇篮中。天体化学家已经在太空中发现了氨基酸的踪迹，以及可能产生氨基酸的分子序列。

这些罕见分子如果能在某些可控条件下大量生产并保存下来，可能会是非常有用的。"天体化学家的最大期望就是发现全新的分子，并将其用于解决地球上的难题。"福滕伯里说。足球形状的分子富勒烯（又称巴克球）就是一个例子。这种由 60 个碳原子组成的大分子于 1985 年首次在实验室中被合成（并为其发现者赢得了诺贝尔奖）。近十年后，天文学家在星际气体中发现了一种光谱特征，看起来与带正电的富勒烯相一致。2015 年，当研究人员将这些特征与在实验室类似太空的条件下产生的富勒烯的光谱相匹配时，两者之间的联系得到了证实。"这种分子现在遍布星系和整个宇宙。"富勒烯的共同发现者、已故的佛罗里达州立大学化学教授哈罗德·克罗托（Harold Kroto）指出。最近，富勒烯已经被证明不仅仅是在太空中发现的一种特殊物质，而且是纳米技术的实用工具，可用于增强材料强度，提升太阳能电池性能，甚至用于制药。

⊖ 即太阳系之外的行星。——编者注

尽管太空分子的研究不断取得新的进展，但对于太空分子的深奥世界，科学家只接触到了冰山一角。已有的发现提醒我们，我们地球在宇宙中只是一个微不足道的、不一定具有代表性的小角落。也许我们在地球上熟悉的物质在宇宙中并不常见，而富勒烯、C_3H^+ 等诸多未知的物质其实才是宇宙中普遍存在的物质。

现场直击：黑洞吞噬恒星[一]

在新技术和巡天项目的帮助下，
天文学家目睹了超大质量黑洞撕碎恒星的整个过程。

S. 布拉德利·岑科（S. Bradley Cenko）
尼尔·格雷尔斯（Neil Gehrels）
董燕婷　李东悦　**译**　　苟利军　**审校**

在银河系和其他每一个大星系的中心，几乎都潜藏着一个深层的宇宙奥秘——一个超大质量黑洞。这些天体把数百万至数十亿个太阳的质量压缩到比太阳系还小的区域内，它们是如此奇怪，以至于看起来非常神秘。还没有科学家能够解释，自然界如何将这么多物质压缩到如此小的空间中。但可以肯定的是，超大质量黑洞伸出了无形的"引力之手"，以深刻而微妙的方式影响周围星系的形成。科学家希望通过研究这些幽灵般的黑洞的生长及行为，揭开星系诞生和演化的秘密。

〇　本文写作于 2017 年。

但问题是，超大质量黑洞不发光，它们大部分时间都在休眠，我们看不见。只有当它们"进食"时，才会苏醒过来，但超大质量黑洞的食物极其少有，因为围绕它们旋转的大多数气体、尘埃和恒星都待在稳定的轨道上，超大质量黑洞根本吃不到。它们总是很饥饿，每当有数量可观的东西恰巧掉入时，超大质量黑洞就会"疯狂进食"，这一现象从非常非常远的地方就能看到。

　　在过去半个世纪的大部分时间里，科学家主要通过观测类星体来研究这类正在享受盛宴的黑洞。类星体由天文学家马尔滕·施密特（Maarten Schmidt）在 1963 年发现，它们是活动星系的超亮中心，每一个都比数十亿个太阳还亮，无论你处在宇宙的哪个角落，都可以观测到它们。当大量气体尘埃冲向一个超大质量黑洞，绕黑洞转动时，会发热发光，持续数十万或数百万年，天文学家认为在这个时候就形成了类星体。然而，类星体并不是理想的研究对象。它们是一些极端事件，通常都相当遥远且相对罕见，其生命周期只构成了超大质量黑洞一生的一小部分。因此，它们提供的视角很有限，天文学家无法据此获知我们星系的超大质量黑洞平常是如何"进食"和生长的。虽然研究人员还可观测围绕超大质量黑洞快速转动的恒星，通过计算恒星的速度来研究黑洞，但这种方法只适用于非常近的天体——比如位于银河系和邻近星系中的天体，只有在这个范围内，当前的望远镜才可以分辨出单个恒星。

1988 年，英国天文学家马丁·里斯（Martin Rees）提出了研究超大质量黑洞的第三种方法——直到最近，这种方法才真正显示出了优越性。天文学家可以通过寻找来源于黑洞附近短暂而明亮的光芒来研究黑洞，不必再观察类星体持续不断的发光或绕黑洞转动的恒星。这类爆发被称为"潮汐瓦解事件"（tidal disruption event，TDE），当一个超大质量黑洞吞噬一颗不幸的恒星时就会发生。潮汐瓦解事件会持续几个月而非几千年，研究人员可以完整地见证从"进食"开始至结束的整个过程，并且在这个过程中黑洞周围足够明亮，不管是发生在附近还是遥远的星系中，我们都能够观测到。

潮汐力瓦解恒星

潮汐瓦解事件非常剧烈，远非海岸边冲走游客浴巾的潮汐能比。不过，两者在原理上有相同之处。地球上的潮汐主要由月球的引力拖拽引起，即在靠近月球的一侧，地球受到的拉拽更强。月球对地球远端和近端的引力差被称为潮汐力。在地球朝向月球的一侧，潮汐力会产生一个高潮，有点反常的是，它也会在相反的一侧产生一个高潮。当然潮汐力也会产生一个相应的低潮，不过是在与地月轴线的夹角为 90°的地方。当一颗恒星在一个超大质量黑洞附近时——可能是被附近另一颗恒星的引力推到那里的——强烈的潮汐力可以将其撕成碎片。

这颗恒星会以哪种方式消亡，取决于恒星和黑洞的质量。一个小而致密的天体，例如白矮星，抵抗潮汐力的能力远比一个更大、更蓬松的类太阳恒星强，这类似于一个保龄球比一团棉花糖更难撕裂。最大的超大质量黑洞具有数十亿倍太阳质量，它们太大了，大到无法引起潮汐瓦解事件——在潮汐力撕裂恒星之前，它们就已经吞噬了整个恒星。相反，数百万个太阳质量的黑洞周围的潮汐力将会撕裂它周围约 5000 万千米（约为水星与太阳的距离）内的大多数恒星。

虽然撕裂一颗恒星这样的大规模事件已经够壮观了，但这还只是一场烟花表演的开始。在恒星被撕裂之后，碎片将分散开，逐渐偏离恒星的原始轨道。基础轨道力学指出，大约一半的碎片将被排出，成为从黑洞附近流出的纤长细丝；另一半则旋绕黑洞，形成一个吸积盘——一种缓慢落入黑洞的螺旋环结构。当吸积盘的物质落入黑洞时，会被加速至接近光速，并在引力和摩擦力的压缩和加热下，温度不断升高，在接近 250 000℃时会开始发光。在几周或几个月的时间内，一次典型的潮汐瓦解事件将导致先前休眠和看不见的黑洞暂时比星系中的所有恒星都要亮。

宇宙中最亮的焰火

虽然理论学家在几十年前就预言了潮汐瓦解事件的存在，但直到 20 世纪 90 年代和 21 世纪初，天文学家才真正观测到这一现象。之所以花了这么长时间才观察到，是因为潮汐瓦解事件非常稀有——据估计，在银河系这样的星系中，每 10 万年才会发生一次潮汐瓦解事件。这类事件也很难被观测到。简单的理论模型表明，潮汐瓦解事件中，吸积盘的发光峰值应该位于电磁光谱上所谓的软 X 射线或远紫外部分。但由于星际尘埃和地球大气的干扰，科学家难以从地面上对这个波段进行观测。同样的模型还表明，天文学家可以利用潮汐瓦解事件对黑洞质量进行相对精确的估算。质量是一个关键数据，可以帮助天文学家解释黑洞的大小是如何影响自身行为及所在星系环境的。要测量黑洞的质量，天文学家只需简单测定潮汐瓦解事件达到峰值亮度所花的时间（它揭示了吸积盘形成和黑洞"进食"的速度）。潮汐瓦解事件是如此明亮，以至于研究人员可以利用它们确定更遥远的超大质量黑洞的质量，其他任何已知现象都办不到这一点。

根据伦琴 X 射线天文台（ROSAT）和星系演化探测器（Galaxy Evolution Explorer）的数据，天文学家发现了第一批潮汐瓦解事件候选者。它们是一些爆发事件，持续时间从几周到几个月，而且位置处于先前休眠的星系中心。作为早期理论预测的现象的首批潜在观测证据，这些发现对建立一个全新的研究领域格外重要。然而，由于这些证据主要是从旧数据中发现的，天文学家错失了在多个波段上实时研究它们的时机，无法揭开更深层次的秘密。而要想在潮汐瓦解事件刚发生时就发现它们，天文学家必须非常幸运，或是持续不断地在广阔的天空搜寻。

幸运的是，过去 10 年中，数据存储和传感器的稳步发展使这种雄心勃勃的巡天项目成为可能。现在，一台高端光学相机能在单次快照中对一平方度或更大的天空区域成像，这种情况类似于在通过"管窥"的方式观察研究天文事件多年后，突然用全景镜头去观察天空。通过反复进行大面积巡天，并以数字化的方式合并得到的图像，剔除暗弱的临时特征，天文学家现在能更容易地发现和研究潮汐瓦解事件和一系列其他暂现天体物理现象。这些新的大视场巡天，例如泛星计划（Panoramic Survey Telescope and the Rapid Response System，Pan-STARRS）、帕洛玛暂现源工厂（Palomar Transient Factory，PTF）和全天自动超新星巡天（All-Sky Automated Survey for Supernovae，ASAS-SN），主要用于识别超新星和小行星，但除此之外，它们还可以做更多。因为它们每晚可以对数百万个星系成像，所以对潮汐瓦解事件这类更奇异的暂现现象也很敏感。

目睹黑洞吞噬恒星

2010 年，在 Pan-STARRS 开始运行后不久，美国天文学家苏维·吉扎里（Suvi Gezari）带领的团队发现了一次潮汐瓦解事件。这一事件被称作 PS1-10jh，发生在质量约为 200 万个太阳的黑洞周围，所在星系距离地球约 27 亿光年。由于这次事件是在数据收集后很短时间内发现的，吉扎里和同事第一次能够在后续的光学和紫外波段观测和研究它。他们的发现非常令人吃惊。

从光谱来看，这次特殊的潮汐瓦解事件显得非常"冷"，温度大约在 30000℃，还不到大多数吸积盘基本理论预言的 1/8。而且 PS1-10jh 并没有随着吸积盘的冷却和消散在数周内逐渐消失，而是在初次发现后的很多个月内都维持温度不变。最奇怪的是，Pan-STARRS 在 PS1-10jh 的余辉中探测到了电离氦的信号——这只有在温度超过 100000℃时才可能产生。此外，虽然天文学家在这一潮汐瓦解事件中探测到了大量的氦，但似乎没有探测到氢（宇宙中丰度最高的元素，同时也是恒星的主要元素）。理论学家已经开始着手研究，是什么机制产生了如此让人困惑的结果。

为了解释 PS1-10jh 为何缺乏氢元素，Pan-STARRS 团队提出，这个被瓦解的恒星可能在之前的某一个时刻，比如在和黑洞相互作用的过程中，已经失去了厚厚的氢包层，只剩下富含氦的核为吸积盘提供物质。但这样还不足以解释这次潮汐瓦解事件中非常奇怪的热矛盾——惊人的低温与产生大量电离氦所需的高温。为了解答这个谜团，其他理论学家提出一个假设，那就是在 PS1-10jh 中，黑洞周围的吸积盘实际上并没有被直接观测到。相反，天文学家观测到的是距离黑洞更加遥远的一层面纱状的气

黑洞吞噬恒星

黑洞不会发光，但仍然可以产生宇宙中最明亮的一些现象。最亮的现象来自于超大质量黑洞，这些潜伏在大多数星系中心的神秘天体质量是太阳的数百万至数十亿倍。当流浪的恒星过于靠近这些宇宙怪物时，会被强烈的引力场撕裂，将气体流送入黑洞；气体在掉入黑洞的过程中会被压缩和加热，同时发光。这类爆发被称为潮汐瓦解事件，在整个宇宙中都可以看到，通过观测这类事件，天文学家对超大质黑洞如何"进食"和生长有了更深入的理解。

开始……
超大质量黑洞对恒星的近侧施加的引力远强于远侧时，就会产生潮汐瓦解事件。这些"潮汐力"的强度取决于黑洞的质量和恒星的密度。一颗质量与太阳相当的恒星靠近一个质量为 100 万颗太阳质量的黑洞时，会像太妃糖一样被拉伸。

…… 结束

潮汐力随着恒星越来越接近黑洞而增强，最后潮汐力克服恒星的自引力，并将恒星撕裂成弧形的气体细丝。一半细丝飞离黑洞，再也不会回来。其余的气体旋绕成为衰减轨道，形成一个白热的吸积盘，将恒星碎片送入黑洞。天文学家通过黑洞苏醒时的发光吸积盘，来探测潮汐瓦解事件。

宇宙焰火

潮汐瓦解事件是天体物理学家见证超大质量黑洞苏醒①、大快朵颐②后又恢复平静③的唯一已知方式。通过跟踪吸积盘形成、达到峰值亮度和逐渐变暗分别所需的时间，科学家可以估算出被吞噬恒星的大小，以及黑洞的质量和自旋情况。研究人员还可以监测黑洞"进食"时产生的吸积盘中的激波，以及相对论性喷流（以接近光速从黑洞两极喷射的粒子流）。没有其他宇宙事件能像潮汐瓦解事件这样，为天文学家研究黑洞周围的极端动力学过程提供如此详尽的信息。

插图：Matthew Twombly

体,它们吸收了由吸积盘产生的强烈辐射,然后以更低的温度重新辐射出来。这层面纱的额外好处是可以解释氢的缺乏,而不需要一个奇怪的、富含氢的星核作为这次潮汐瓦解事件的主角。只要温度合适,密度也较高,这样的一层面纱完全有可能遮掩氢的存在,把氢隐藏起来。

但问题是,如果处在上文所说的距离上,这层厚厚的面纱状气体是不稳定的——随着时间流逝,这些气体要么掉入黑洞,要么消散得无影无踪。面纱状气体的起源也是激烈争论和研究的焦点,总的来说,面纱状气体的起源有两种可能,它们都与吸积黑洞的动力学有关。当被瓦解的恒星残留物围绕黑洞转动,形成一个逐步增长的吸积盘时,激波会像涟漪般从盘中向外传播,阻止外围的一些残留物直接掉落,形成一个临时的物质屏障。或者,一个刚发生的潮汐瓦解事件的吸积盘也许最初向内提供了非常多的物质,以至于在短时间内超过了黑洞吸积的极限,在黑洞外围暂时形成的风或者外流将恒星的一些残留物推出吸积盘,停留在更远的距离上。

天文学家提出了各种假设来解释 PS1-10jh 和接下来发现的其他潮汐瓦解事件,并试图自洽,他们逐渐意识到:潮汐瓦解事件是一个比之前任何人预想的都要复杂的现象。但他们没有料到的是,更大的意外还在后面。

来自"雨燕"的震撼

这个意外在 2011 年 3 月 28 日凌晨到来，一条自动产生的提示信息发送到了全世界多位天文学家的手机上。雨燕卫星（Swift）刚刚探测到了来自深空的高能辐射脉冲。雨燕卫星是一个灵活的空间望远镜（全称尼尔·格雷尔斯雨燕天文台），由美国、意大利和英国的研究所合作建成，用于研究天空中所有类型的爆发天体。但雨燕卫星的主要目标是伽马暴——一类灾变性恒星爆发，也是宇宙中最亮的天体物理事件。每当有伽马射线流进入雨燕卫星的传感器，这个望远镜会迅速重新定位并在 X 射线和光学波段观测这个射线源，同时通知地面，触发一连串的地面观测项目。一收到雨燕卫星的提示信息，天文学家就会争相利用世界上最大、最强有力的望远镜，赶在伽马暴永远消失之前寻找任何与此相关的天文现象。自 2004 年发射以来，雨燕卫星已经发现了 1000 多个伽马暴，但是 2011 年的这次特殊事件（后来被称为 Swift J1644+57），与这个望远镜之前发现的任何事件都不同。

顾名思义，伽马暴通常是短暂的，持续时间一般在零点几秒到几分钟之间。那年 3 月的清晨，我们将望远镜指向 Swift J1644+57，本来期盼看到一个来自短时标伽马射线暴的、典型且逐渐消失的余辉，然而我们观测到了明亮、持续了一天的不规则伽马射线暴，之后是持续数月的剧烈且逐渐衰减的 X 射线辐射。

很快，我们就确定这次爆发来自于 38 亿光年外、位于天龙座（Draco）的一个星系。我们的一位同事，加利福尼亚大学伯克利分校的约书亚·S. 布卢姆（Joshua S. Bloom），注意到这个伽马射线源位于星系的中心——超大质量黑洞的栖息地，并且认为我们目睹了一次潮汐瓦解事件。尽管之前所有的潮汐瓦解事件都是在波长更长、能量更低的波段探测到的（这时，观测者看到的热辐射来自于由恒星碎片形成的吸积盘），但这次事件却完全不同。

一个潮汐瓦解事件是如何产生伽马射线的？我们能够想到的最好回答是：黑洞是个邋遢浪费的吃货。黑洞会吞噬被撕裂恒星的大部分气体，把它们永远锁定在事件视界（黑洞周围的一个边界，通过这个边界之后，包括光在内的任何物质都无法逃逸）之内。但所有黑洞可能都会自旋，因此可能把被撕裂恒星中百分之几的气体推向黑洞的两极方向（位于事件视界之外），在这里气体被加速，并以一束准直的、接近光速运动的粒子束的形式被抛射出去。快速运动的粒子束急速穿过宇宙时，会辐射伽马射线和 X 射线。显然，雨燕卫星碰巧处在 Swift J1644+57 粒子束的传播路径上。这一次，我们的运气很好——并不是所有的潮汐瓦解事件都能产生这样的相对论性外流，并且大多数相对论性外流的确很可能出现在我们的观测视线之外。

探测到 Swift J1644+57 鼓舞了雨燕团队，他们开始努力寻找更多的类似事件。2017 年初，又有两个辐射伽马射线喷流的潮汐瓦解事件被发现。这是恒星的"临终哭泣",是最罕见和强烈的天文现象,为天文学家研究相对论性粒子喷流的产生和行为(这也是当代高能天体物理中最前沿的研究课题之一)提供了一种新方式。

一个世界的消亡

潮汐瓦解事件给科学家提供了一个新窗口,他们可以通过观测来自吸积盘的热辐射以及黑洞的喷流辐射的伽马射线,来研究超大质量黑洞及其周围环境。最重要的是,类星体的喷流和吸积盘是大量气体云团在非常长的时标上混乱地冲向超大质量黑洞时形成的,它们的尺度更大、持续时间也更长,而潮汐瓦解事件是短暂的、干脆利落的事件,更容易被研究。没有一个人的一生能够长到足以见证一个类星体的完整生命过程,但天文学家已经见证了20多个潮汐瓦解事件从爆发到结束的整个过程,并对此进行了研究。在这些恒星灾变的细节中,天文学家已经瞥见了一些诱人的奇怪现象,有待进行更深入的研究。通过精确观测来自潮汐瓦解事件的波动性耀发,天文学家不只可以研究黑洞,也可以研究几十亿光年之外被撕裂的恒星的细致组成和内部结构。

天文学家甚至还可以研究恒星的伴星——被黑洞吞没的行星。任何一个来自遥远星系中心的倏忽一闪都可能标志着一个世界的消亡。我们对银河系的恒星巡天显示，几乎每一个恒星周围都存在行星。所以，在其他星系中，即使不是全部，多数恒星周围也是存在行星的。如果发生潮汐瓦解事件，即使行星没有被直接撕裂，也有可能处在潮汐瓦解事件产生的暂现性相对论性喷流的路径上，这些喷流会在黑洞外延伸数光年。任何一个行星系统如果被这样的粒子束击中，其上的生命都会很快灭亡（如果有生命的话）。或许有一天，天文学家也会在我们的"宇宙后院"中目睹潮汐瓦解事件——当某个恒星误入潜藏在银河系中心、有着400万个太阳质量的黑洞周围时，潮汐瓦解事件就会发生。届时，银河系中央将会变得非常明亮。但幸运的是，我们距离银河系中心足够远，潮汐瓦解事件最危险的影响不会波及到我们这里。

随着更为强大的巡天项目即将建成，越来越多潮汐瓦解事件将被发现，一个新时代即将到来。大型综合巡天望远镜（LSST）是一个正在建设中的8米望远镜，位于智利，视场为10平方度。预计在启用的第一个10年内，它就将独自发现数千个这样的爆发。对于LSST来说，它面临的最大的科学挑战将是，如何对发现的数量巨大的暂现源进行挑选。计划建造中的射电观测站（例如正在澳大利亚和南非建造的平方千米阵列射电望远镜）尤其适合用来发现相对论性喷流，即使这样的喷流是"偏轴"的（意味着它们没有直接沿着我们的视线方向传播）。在不远的将来，天文学家也许可以组建一个包含数千个潮汐瓦解事件（这比任何一个人一生可以研究的数目都要多）的星表，从而揭示这些超大质量黑洞的质量和行为，使它们不再是躲藏在星系中心无法接近的神秘幽灵。随着天文学家对潮汐瓦解事件的了解越来越深入，积累的知识越来越多，未来或许会出现革命性的发现。

窥宇宙深处
探宇宙深处
从黑洞到地外生命

第 4 章

地外生命

地球上的生命在宇宙中是独一无二的吗

为了知道地球以外是否存在生命，
我们必须认清自己在宇宙中的意义。
我们是独一无二的，还是平庸的？

凯莱布·沙夫（Caleb Scharf）
邵珍珍　译

我们居住在绕着一颗孤立的中年恒星运行的小小行星上，这颗恒星只是银河系大约 2000 亿颗恒星中的一颗。现今的可观测宇宙中估计有几千亿个类似银河系这样的结构，它们从我们当前的位置向各个方向延伸超过 465 亿光年（4.4×10^{23} 千米）。我们的银河系不过是这些结构中普普通通的一个。

以任何一个普通人类的标准来衡量，这个范围所包含的物质和空间都是难以估量的。人类这一物种是在宇宙漫长历史的极短瞬间诞生的，而且宇宙看起来会有一个更遥远的未来，这个未来可能包含我们，也可能不包含。试图找到我们的位置，发现我们之间的关联，这似乎是一个笑话。人类真是愚蠢得可怕，以为我们在宇宙的历史长河中很重要。

然而，我们正在努力让自己变得重要，尽管我们显然是平庸的，这一点在大约 500 年前文艺复兴时期变得更明显，当时的学者尼古拉·哥白尼（Nicolaus Copernicu）提出日心说，以为地球并非宇宙的中心。他的观点是过去几百年来最伟大的科学指南之一，也是我们在探索宇宙结构和本质之旅上的重要路标。

我们在努力评估自己的重要性时，面临着一个难题：一部分发现和理论似乎表明我们平淡无奇，而另一部分则恰恰相反。从微小的细菌到宇宙大爆炸，我们如何把我们对宇宙的了解整合到一起，来探究我们在宇宙中是否是特别的存在？我们对自己在宇宙中所处位置了解得越来越多，但这对我们努力寻找宇宙中是否存在其他生命有什么意义？我们下一步又该如何走？

我们知道什么

17 世纪，商人兼科学家安东尼·范·列文虎克（Antony van Leeuwenhoek）凭借他自制的显微镜成为第一个看到细菌的人，这个发现将他带入了陌生的微观世界。在这个非凡的下降过程中，沿着物理维度的阶梯滑下，进入人体的世界，我们发现了身体的组成部分、分子结构阵列等生物尺度的微观极端。在列文虎克惊讶的那一刻之前，人类可能从未想到过这些可能。

地球上有比我们更大更重的生物——看看鲸鱼和参天大树就知道了。然而，比起生物尺度的微观极端，我们人类还是更接近尺度的上限。最小的细菌直径只有约 0.3 微米。人类的身体（长度）是我们所知的最简单的生物的数百万倍。

在恒温陆生哺乳动物中，我们也属于体型庞大的一类，虽然不是最庞大的。在生物尺度的另一端，我们的近亲中最小的是侏儒鼩鼱（pygmy shrews），只有约 2 克重。它们在哺乳动物中是极小的存在，它们的身体无休止地散发热量，只能通过贪婪的进食来达到平衡。其实大多数哺乳动物的体型更接近鼩鼱的大小，而不是人类这么大，以至于全球哺乳动物群体的平均体重是 40 克，或不到 1.5 盎司。我们人类是由复杂的细胞构成的智能生物，属于生物尺度中较大的一类，只有少数哺乳动物体型比我们大。

不可否认，我们存在于这样一个特殊位置，处于复杂多样的小生物和有限的大生物之间。再想想我们的行星系统，它在某些方面也是不寻常的。我们的太阳并不是数量众多的最普通的那类恒星（大多数恒星质量比太阳小）；我们地球的绕日轨道更圆，而且比大多数系外行星系统间隔更广；我们的行星邻居中还没有超级地球。超级地球是一种比地球大几倍的行星，至少有 60% 的恒星周围存在超级地球，但太阳除外。如果你是行星系统的建筑师，你会认为我们的行星系统是一个例外。

地球的某些特征源于这样一个事实：与大多数行星系统相比，我们的太阳系 ⊖逃过了大规模的动态重排。这并不意味着我们可以保证一个宁静平和的未来——最先进的引力模拟表明，几亿年后，一个更混乱的时期可能会取代我们现在平和的状态。在大约50亿年后，太阳将随着自身的衰老开始膨胀，并剧烈地改变其行星阵列的属性。所有迹象都表明，如今我们生活在一个特殊的时间节点，一个恒星和行星从青春走向衰老的过渡期。回想起来，我们生存于这段相对平静的时期并不令人惊讶。正如我们生活环境的其他许多方面一样，我们生活在一个温和的地方，既不太热也不太冷，不太有化学腐蚀性或化学惰性，既没有太动荡也没有太安稳。

就整个宇宙而言，我们所处的时期比年轻炽热的宇宙快速动荡时期要古老许多。宇宙中恒星的形成速度正在减缓。其他的类太阳恒星及其行星的形成速度平均只有110亿到80亿年前的3%。恒星开始慢慢地在宇宙中消失。从宇宙学的角度来看，源于真空本身的暗能量正在加速空间的膨胀，帮助压制更大的宇宙结构的形成。但这也意味着，生命注定要在一个越来越难以理解的宇宙中，在遥远的未来，变得孤独凄凉。

把所有这些因素放在一起，很明显，我们对宇宙内外的认知

⊖ 太阳和它的行星系统合称为太阳系，严格来说太阳系是一个恒星系统，但有时也指不含太阳在内的行星系统。——编者注

是非常有限的，这仅仅是管中窥豹而已。事实上，我们对随机事件的直觉和我们统计推理的科学发展论，在有序或无序、空间和时间不同的情况下，可能会有所不同。而且，我们独立于宇宙中任何其他生命——在某种程度上说我们还没有真正地发现地外生命——这极大地影响了我们所能得出的结论。

演绎

我们已知的大部分证据都支持哥白尼的基本观点，即我们是平庸的。但与此同时，我们生活环境中的一些细节却似乎不是这样的。其中某些细节特性形成了所谓的人择原理，我们观察到的某些自然界基本常数似乎是以某种方式"微调"的，即宇宙的基本属性在一个范围内保持平衡，使地球及其生命恰好能够存在。如果过于偏离这个范围，宇宙的性质就会完全不同。可能引力强度会改变；或者没有恒星形成，没有重元素形成；或者大质量恒星形成后很快消失，不留下任何可以探究它们的物质或可以追踪的遗迹。同样地，电磁力可能会改变，原子之间的化学键要么太弱，要么太强，无法形成多样的分子结构，正是这种分子多样性构成了当今纷繁复杂的宇宙。

从中我们能得出什么结论呢？我认为，这些事实正在推动我们对人类在宇宙中所处的位置产生一种新的认识，不同于哥白尼理论和人择原理，我认为这种认知自身就是一种新的原则。也许我们可以称其为宇宙混沌原理，即介于秩序和混沌之间。其本质是生命，特别是地球上的生命，总是居住在能量、位置、尺度、时间、秩序和无序等特征所界定的区域内或区域附近。行星轨道的稳定或混乱，行星上的气候和地球结构的变化等因素都是这些特性的直接表现。如果远离这个特定范围，无论朝哪个方向偏离，生命的平衡都会被打破，向混乱可怕的状态转变。我们现在这样的生活需要平静和混乱等各种成分的恰到好处的组合——需要恰当的阴和阳。

这些范围边界会在一定范围内存在某些变化，但不会太大，防止这个系统彻底覆灭。这与宜居带的概念有明显的相似之处。宜居带指围绕恒星的行星所处的温和宇宙环境，存在于一个狭窄的参数范围内。但是对于生命的存在，宜居带可能更具动态性——它不需要固定在空间或时间上。相反，它是一个不断漂移、扭转、弯曲的多参数量，就像舞者舞动的轨迹。

如果生命只在这种情况下存在是一个普遍规律，那么这就提出了一些关于我们宇宙意义的有趣可能性。不像哥白尼思想强调人类的平庸，由此暗示整个宇宙中存在大量类似我们地球的环境那样，这个概念认为生命存在需要满足在动态变化范围内的某些参数，这就缩小了生命可选择范围。这种新观点所暗示的生命存在的机会也不同于人择原理，在人择原理的极端情况下，我们是跨越时空存在的唯一生命。相反，这个新观点实际上确定了生命存在的地点和可能存在的概率，明确了生命在一个有许多参数的虚拟空间中存在所必需的基本特征，描绘了最可能的生命带。

这种关于生命存在的条件并不是为了使生物在现实中变得多么特别。生物学可能是这个宇宙——或任何一个可调节的宇宙——中最复杂的物理现象。但这可能正是它的特殊之处：一种在适当的环境下出现，介于秩序和混乱之间的错综复杂的自然结构。把生命在大自然中的位置概念化，直接引出了一种方法，可以解决有一点说服力但尚未解决的难题，即生命必须是丰富的，同时生命必须是罕见的。

寻找宜居"月球" [○]

银河系中有数千亿颗行星，但许多已知的系外行星上都不太可能拥有生命。
然而，它们的卫星却有可能是地外生命的家园。

李·比林斯（Lee Billings）
谢懿 译

现在，我们已经发现了 1000 多颗围绕其他恒星公转的行星 [○]。银河系中可能拥有数千亿颗行星。许多已知的系外行星（exoplanets）都是类似木星的气态巨行星，对生命来说是险恶之地。但遥远的系外行星也可能拥有较大的卫星，就像我们太阳系的巨行星一样。如果确实如此，这些卫星或许会是宇宙中最常见的生命家园，而不是相应的行星。

搜寻系外卫星的前沿深藏在美国哈佛 – 史密松天体物理学中心（Harvard–Smithsonian Center for Astrophysics）的地下室，一

○ 本文写作于 2017 年。
○ 截至 2022 年底，已确认的系外行星达到约 5000 颗。——编者注

个到处都是计算机和电线的漆黑房间里。为了盖过冷却风扇的机械轰鸣声，英国天文学家戴维·基平（David Kipping）提高声调说，这些设备几乎全部的计算能力目前都用来分析一颗行星——开普勒22b（Kepler-22b），它环绕一颗距离地球约600光年的类太阳恒星转动。美国国家航空航天局（NASA）的开普勒空间望远镜（Kepler space telescope，简称开普勒望远镜）首先发现了这颗遥远的行星，于是这颗行星就以望远镜的名字来命名。基平认为，通过更仔细地研究最初发现开普勒22b时所使用的数据，或许还能找到与这颗行星的卫星相关的微弱信号。他把这个计划称为"用开普勒搜寻系外卫星"（Hunt for Exomoons with Kepler，HEK）。

基平的这个计划是目前最先进的系外卫星搜寻项目。基平说，这需要强大的计算能力，因为即使是可以想象的最大的系外卫星，也只会在数据中留下难以察觉的微弱信号。也正因为如此，他只针对几个精心挑选的目标来深入搜寻系外卫星的证据。如果快速搜寻大批目标，他或许会发现许多系外卫星，但是，"我不能确定那样的结果我是否会相信，"他说，"我的目标是获得每个人都会赞同的探测结果，漂亮、清晰而且确凿无疑。"

他有理由这样小心行事。任何宣称发现系外卫星的结果都会引起争议，这不仅是因为这项工作本身极为困难，而且还因为这一发现可能具有深远的意义。基平解释说，以开普勒22b为例，这颗行星位于宿主恒星 [⊖]的宜居带（habitable zone，液态水在这一区域可以存在），体积很大，可能是一颗不适合生命生存的气态星球，而不是类似地球的岩质行星。但是，如果开普勒 22b 拥有一颗大质量的卫星，那这颗卫星就有可能适合生命生存，从而成为天文学家未来搜寻外星生命的可能目标。

"卫星可以是宜居的，"基平说，"如果真是这样，宇宙中存在生命的概率将比之前任何人想象的都要高得多。"

大质量卫星

长期以来，许多天文学家（以及科幻作家）一直认为，其他行星系统应该是我们太阳系的翻版，在低温巨行星周围有着大量的冰质卫星，就像我们在木星和土星周围看到的那样。然而，随着 20 世纪 90 年代科学家首次发现系外行星，新的可能性出现了。研究人员发现，太阳系外的许多气态巨行星一开始形成于远离宿主恒星的漆黑外层轨道，之后通过某种方式向内迁移，到达距离宿主恒星更近、温度更高的轨道上，有些甚至位于宿主恒星的宜居带中。由此产生了一个疑问：环绕这些温暖巨行星的卫星，是否会拥有岩石成分、可起到保护作用的大气以及地球那样的海洋呢？

⊖ 即行星所绕转的恒星，又称母恒星。——编者注

美国宾夕法尼亚州立大学的三名科学家达伦·威廉姆斯（Darren Williams）、吉姆·卡斯廷（Jim Kasting）和理查德·韦德（Richard Wade）率先详细研究了系外卫星具有类地环境的可能性。他们研究了位于宜居带中的系外卫星至少多大才能维持足够的大气，并让表面存在液态水。研究结果于 1997 年发表于《自然》杂志上。威廉姆斯说："我们发现，比火星（质量约为地球的 1/10）还小的卫星不可能束缚大气达几百万年之久。"低于这个质量阈值的卫星就没有足够的引力来维持有效的大气——在近邻恒星的辐射影响下，这样一颗微小卫星的大气会被蒸发掉。

问题是，形成类地行星那么大的卫星似乎并不容易。天文学家相信，大多数卫星的形成方式与行星大致相同——在一个由气体、冰以及尘埃组成的转动盘中逐渐凝聚而成。研究人员利用计算机来模拟卫星形成的过程，但大多数模拟研究都没有得到比木卫三（Ganymede，太阳系中最大的卫星）更大的卫星。根据 1997 年的那项研究，像木卫三这样的卫星，质量需要变成原来的 4～5 倍，才能维持永久的大气层。

幸运的是，大自然有其他方法来形成大质量卫星。例如，地球的卫星月球就非常大，因而不可能和地球一起从气体与尘埃盘中平静地形成。许多天文学家认为，我们的地月系统是由太阳系早期的一场灾难性碰撞造就的。冥王星（Pluto）和它最大的卫星冥卫一（Charon）也是因碰撞而产生的，虽然碰撞规模比形成地月系统的碰撞小得多。这些由行星及其卫星组成的二体系统还可以解释其他类型的卫星。在"双星交换过程"（binary-exchange reactions）中，一颗巨行星与这样一个二体系统发生交会，俘获其中的一个天体作为自己的卫星，并把另一个抛射到宇宙中。在太阳系中，这一交换过程至少发生过一次，海王星最大的卫星海卫一（Triton，有一条与海王星自转方向相反的奇怪轨道）就是这样形成的。天文学家认为，海卫一正是很久以前被海王星俘获的一个二体系统中的一员。

即使这些大型卫星所围绕的行星位于宿主恒星的宜居带之外，它们也可能会拥有液态水——进而拥有生命。宿主行星反射的光以及发出的热，再加上该行星的引力，可以为卫星提供额外的热量。就像月球能引发地球海洋的潮汐，一颗气态巨行星的引力拖拽也可以让潮汐能席卷它的一颗近距卫星，拉扯这颗卫星的内部，使之浸浴在摩擦热之中。这个效应类似于用手来回弯曲金属回形针使之升温。加拿大麦克马斯特大学的勒内·海勒（Rene Heller）和美国华盛顿大学的罗里·巴恩斯（Rory Barnes）最近研究发现，如果一颗卫星过于靠近宿主气态巨行星，它可能会受到极强的潮汐加热，以至于蒸发掉自身的大气，或者被熔化。即使宿主行星在更远的轨道，远离宿主恒星的光和热，只要潮汐加热适量，其卫星也能保持适宜的温度。

潮汐力也可能改变卫星的轨道，使之永远只有一个半球朝向宿主行星，就像地球的卫星月球一样。海勒说，想象一下这些被潮汐锁定的卫星的夜空，那会是一幅多么离奇的景象。"在一颗被潮汐锁定的卫星上，假如你恰好站在朝向宿主行星的那个半球，这颗行星在天空中看上去将会十分巨大，而且不会移动。在这颗卫星上的'正午'时分（即宿主恒星在天空中爬升到最高点时），宿主恒星会运动到宿主行星的后方，不会再有从宿主行星反射来的光。你会看到满天的星星，但头顶上却有一个黑色的圆盘。'午夜'时分，宿主恒星在你脚下，被照亮的宿主行星会出现从亏到盈的变化，你会再次看到宿主行星反射的光。因此，在'午夜'时分，你看到的天空会比'正午'时分还要亮。"

搜寻策略

理论上，如果一颗卫星大到足以维持大气，那么通过分析开普勒望远镜监测到的数据，我们应该可以发现其存在。开普勒望远镜于 2009 年发射升空，在 2013 年陀螺仪失灵之前，一直观测着天空中的一小片区域，连续地监测着超过 15 万颗目标恒星的亮度。它通过探测凌星现象（transits，行星从宿主恒星前经过，因遮挡而造成恒星亮度降低）来搜寻行星。每一次凌星事件都会在恒星的"光变曲线"（light curve，恒星亮度随时间变化的曲线）中表现为一个波谷。

迄今为止，开普勒望远镜发现的最小的行星是开普勒 37b，这颗行星非常小，只比月球稍大一点。根据基平的说法，既然开普勒望远镜可以发现像月球一样小的行星，那它应该也能发现像地球一样大的卫星。

然而，虽然基平正在仔细梳理开普勒望远镜得到的数据来寻找这样的卫星存在的证据，但他既不是开普勒团队的成员，他的项目也不隶属于美国国家航空航天局。事实上，他正在做的事情任何人都可以做，因为开普勒望远镜得到的数据是公开的。天文学家和天文爱好者已经通过研究这些海量的数据发现了一些新的行星。基平还把这种"人人参与"的方式延伸到资金募集上，他在一个众筹网站筹到了 1.2 万美元，用来购买更多的 CPU，这些 CPU 如今已经成了迈克尔·多兹计算设施（Michael Dodds Computing Facility，迈克尔·多兹为该计算设施的建立提供了最多捐助）的一部分。

基平的搜索策略建立在引力相互作用中一种违反直觉的效应之上：卫星绕着行星转，但行星也在绕着卫星转。更严格地讲，行星和它的卫星实际上会绕着它们的公共质心转动，因此当卫星绕着行星转时，该行星也在前后来回晃动。

设想你正在观测一个遥远的行星－卫星系统。如果卫星转到了行星的右侧，那么绕同一质心转动的行星就会向左偏移一点。现在想象一下凌星的情况，比如这个行星－卫星系统从左至右经过恒星圆面。这颗行星所处的位置会比没有卫星时更靠左。对于从左至右运动的行星而言，这一左偏可能会使得凌星开始的时间推迟几分钟。当该系统再次凌星时，卫星可能会位于轨道另一侧，从而使得行星的位置稍稍向右侧偏移，导致凌星的时刻提前几分钟。

一颗绕行星转动的卫星除了会使行星凌星时刻发生这些变化之外，还可能改变凌星现象的持续时间。通过分析行星在多个轨道周期内的数据，如果发现凌星时间的特征像跳"华尔兹"一样往复变化，我们就可以佐证系外卫星的存在。

除了这些时间效应之外，一颗足够大的卫星还会遮挡恒星的光线，给行星的凌星信号加上自己微小的贡献。不过，行星和卫星一起导致的恒星亮度下降，大多数时候与仅由行星凌星所产生的信号极为类似，除非凌星时卫星正好出现在行星正前方或正后方。这个行星 – 卫星凌星系统导致的恒星亮度下降信号不会一成不变。因此，天文学家们可以通过这个变化推断出隐藏卫星的存在。

然而，要发现这些微妙的效应非常困难。星光亮度的微弱下降并不一定就是由凌星的系外卫星造成的，也可以用其他更普通的现象来解释。到目前为止，光变曲线的每一种变化模式都可以用恒星黑子、恒星震动、仪器误差等原因来解释。

更糟糕的是，许多不同的行星 – 卫星系统都可以产生同一个凌星时间信号。在这些系统中，卫星可能有完全不同的质量、轨道周期和轨道倾角。这种固有的不确定性使得天文学家很难仅仅通过凌星时间信号来确定系外卫星的任何特征。

然而，如果天文学家可以通过凌星时间信号和卫星对光变曲线的影响，成功确定一个行星－卫星系统的轨道构形，他们就可以获得这个系统中卫星、行星及宿主恒星的质量。根据这些质量，以及由行星和卫星所遮挡星光而估算出的星球体积，天文学家就可以推断出每个天体的密度——通过这些线索，天文学家进而可以了解它们的成分、形成历史以及这些行星和卫星是否有宜居的可能。对于任何一个给定的系统，通过仔细筛查一次次凌星事件的数据，我们甚至可以从星光的那些波动中提炼出更微小的细节信息。

"光变曲线包含的信息量大得惊人，"在地下室机房之上几层楼的办公室中，基平说道，"如果一颗凌星的行星或卫星是扁球形，或者拥有光环，情况会怎样？如果一个天体的大气可以折射并扭曲穿过其中的星光，又会怎样？各种诸如此类的效应都会在观测到的数据中留下痕迹。抬头仰望，夜空中繁星闪烁，我们只需简单测量这些恒星的亮度就能得出更复杂的信息，这真是令人无比满足。"

为了找出绕着特定凌星行星转动的卫星，基平的 HEK 项目首先做了一个猜测。如果有一颗卫星绕着这颗行星转动，宿主恒星的光变曲线看上去会是什么样子？参与 HEK 项目的科学家设计出许多算法，根据各种假想的行星 – 卫星系统，生成多种不同的理论光变曲线。在这些模拟系统中，天体的质量、半径和轨道千差万别。接着，科学家仔细筛查开普勒望远镜监测到的数据，寻找与模拟系统相匹配的结果，逐步锁定在统计学上比较合理的卫星信号。这种穷举式的试错过程，就是 HEK 项目必须拥有强大计算能力的原因，也是基平在开普勒望远镜发现的大量行星和行星候选者中仔细挑选最佳研究目标的原因。这类目标大多是与海王星质量相当的低质量行星，其轨道都非常靠近类太阳宿主恒星，公转一周的时间约为半年。在这样的行星系统中，大型卫星的信号是最明显的。

HEK 项目还计划搜寻围绕红矮星公转的凌星行星。红矮星比类太阳恒星更小、更暗，但它们的数量多得多。红矮星更小，意味着一颗凌星行星可以遮挡更多星光；红矮星更暗，那么宜居带就更靠近恒星，在宜居带内的行星会更快速地绕转，更频繁地发生可供天文学家研究的凌星事件。"对我们来说，红矮星创造了更有利的观测条件，"基平说，"在最好的情况下，我们可能会探测到一颗质量只有地球 1/10 或 1/5 的卫星。"

在最糟糕的情况下，HEK 可能找不到任何系外卫星。不过，基平和同事至少可以确定最多会有多少行星拥有较大的卫星。我们已经知道，在这些系外行星所在的系统中，有些东西是不存在的。"如果真的存在许多大型卫星，比如一颗半径是地球两倍的卫星，围绕一颗木星大小的凌星行星转动，那你只需要用眼睛观察光变曲线就能看到这颗卫星产生的效应，"美国佛罗里达大学的天文学家埃里克·福特（Eric Ford）说，"因此，如果这样一颗卫星出现在开普勒望远镜的视场之内，那现在应该已经有人发现它，或者在追踪它了。"经过进一步的分析，基平的团队排除了开普勒 22b 拥有一颗质量大于 0.5 倍地球质量的卫星的可能性。

许多天文学家怀疑开普勒望远镜目前观测到的数据能否用来确认系外卫星的存在，特别是只有凌星时间相关的数据时。美国华盛顿大学的埃里克·阿戈尔（Eric Agol）就是持怀疑态度的天文学家之一。"我的看法是，还是需要真正观测到卫星的凌星现象，才能确认系外卫星的存在，"阿戈尔说，"但是，这几乎就是开普勒望远镜观测能力的极限。当然，大自然总会给我们带来惊喜。"

尽管如此，阿戈尔还是承认他和一些合作者正在用他们自己的方式搜寻系外卫星。与 HEK 项目不同，他们使用计算能力相对较弱的设备，基于开普勒望远镜的数据得到大量光变曲线，然后从这些曲线中寻找更明显的凌星效应。阿戈尔说："我觉得，我们的搜索范围应该包括每一颗已发现的行星的周围，这是很合理的事情。"

新的起点

基平指出，卫星能以很多方式提高生命存在的概率。他举例说，如果没有月球，地球的气候和季节可能会极为不同，因为在天文时间尺度上，月球有助于稳定地球自转轴的倾角。更重要的是，在月球逐渐远离地球并抵达现在的轨道之前，早期地球受到的来自月球的巨大潮汐效应可能对地球生命的起源和繁荣发挥了至关重要的作用。

基平说："当我们发现一颗地球大小的行星位于宿主恒星的宜居带时，我们首先要问的一个问题应该是，'它有卫星吗？'"对这个问题的回答将有助于确定这颗行星究竟是地球真正的"孪生兄弟"，还是只有一点模糊关联的"远房表亲"。"我想知道，地球有月球这样一颗卫星，到底是偶然现象，还是普遍情况，"基平补充道，"但仅凭一个样本，我们不可能真正回答这个问题。如果在太阳系之外发现一批卫星，那我们对这个问题就有更好的认识了。"

如果有性能远超"开普勒"的望远镜，那么系外卫星将会告诉我们更多信息，而不仅仅是一个标志——看，有颗行星在近距离围绕着恒星转动。基平说，地面上或太空中足够大的望远镜可以调查那个遥远世界的大气层，寻找生命的标记，例如氧气。

基平还认为，可以利用某些系外卫星来研究宿主行星的表面情况。天文学家已经可以在凌星现象发生时，通过仔细监测宿主恒星的亮度，来研究恒星的表面状态。"研究行星时，也会遇到同样的机会。从地球上看去，当卫星从行星前方经过时，机会就来了，但这时我们监测的是行星的表面亮度，"基平解释说，"所以，我们有可能通过某种非常巧妙的方式来挖掘这些数据的潜在价值。根据卫星经过时行星光变曲线的变化，我们或许可以确定'新地球'上陆地和水的分布情况。要获得一颗可能宜居的行星的信息，比如照片，我觉得这应该是最有可能达成目标的方式。而我们由此得到的结果或许只是从一块非常大的蛋糕中切下的第一块，而且只是很小的一块。"

1000 光年外的恒星存在高级文明？

恒星亮度的古怪变化难以用自然原因解释，
会不会是外星文明在收割能源？

金伯利·卡蒂埃（Kimberly Cartier）
贾森·T. 赖特（Jason T. Wright）
梁恩思 译 周济林 审校

2014 年的秋天，正值树叶由翠绿变为金黄的时节，在一个静谧的下午，塔贝萨·博亚吉安（Tabetha Boyajian）来到了宾夕法尼亚州立大学天文系，和我们分享了一个非同寻常的发现。季节变化之际的风景，恰好成为了这次会面的完美背景板。而这次会面将有可能改变我们所有人的事业轨迹。

那时候的博亚吉安还是耶鲁大学的博士后。在美国国家航空航天局（NASA）搜索系外行星的开普勒空间望远镜的观测数据中，她发现了一颗亮度变化难以解释的古怪恒星。这种变化看起来并不像是行星经过恒星和望远镜之间时导致的恒星变暗现象。而其他可能导致这种变化的因素，比如望远镜的硬件问题，也都被她排除掉了。于是，她开始寻求新的解释。本文作者赖特提出了一个非比寻常的想法：或许，导致这颗恒星亮度变化的是外星科技。

20 世纪 60 年代，美国物理学家弗里曼·戴森（Freeman Dyson）设想：一些对能源极度渴求的高级外星文明可能会将他们的主星用太阳能收集器包裹起来，这样便能吸收主星的全部星光。这种装置后来就被称作"戴森球"。如果外星文明并不仅仅是科学幻想，那么这颗亮度正在逐渐降低的恒星有没有可能是我们人类所掌握的第一份证据呢？这个离经叛道的想法当然是别无他法的时候才会采用的假说，但至少现在，我们无法排除这一假说。

这颗让博亚吉安困惑不解的恒星，现在官方名为"博亚吉安之星"（Boyajian's star），俗称则是"塔比之星"（Tabby's star），它不仅让天文学家着迷，也让公众很感兴趣。像所有重大谜题一样，它催生了近乎无穷种候选解答，但没有一种可以完全解释那些奇特的观测结果。或许，真正的答案藏在已知的天文学现象之外。

来自开普勒的惊喜

开普勒空间望远镜在 2009 年发射。此前，世界上绝大部分的"行星猎手"都在顽强地一颗一颗寻找着系外行星（围绕其他恒星公转的行星），就像是在钓鱼，每次只能钓上一条。然而，当开普勒望远镜正式投入使用后，搜寻行星的工作就像用上了拖网渔船，一下子有了成百上千的收获。

开普勒望远镜在长达 4 年的时间里持续对银河系中一个固定区域进行观测。它想要找到的是"凌星"现象。凌星指的是那些公转平面和我们视线方向平行的行星在我们观测的时候恰好处于望远镜和恒星之间，遮挡住了一部分原本应该到达地球的星光。如果把观测时间当作横坐标做一张图，那么一颗恒星的亮度就可以用所谓的"光变曲线"来描述。如果某颗恒星没有可以导致凌星现象的行星，那么它的光变曲线看起来基本是平的；如果加上一个可以凌星的行星，那么这颗恒星的光变曲线就会多一些 U 型凹槽。这些凹槽十分有规律，每次行星遮挡住星光时，凹槽都会出现。凌星过程的持续时间、出现的时刻、亮度降低程度等可以提供很多关于行星本身的信息，比如它的大小、温度等。

开普勒望远镜一共观测了超过 150000 颗恒星，其中只有 KIC 8462852（KIC 的意思是开普勒输入星表）的光变曲线无法用常理解释。第一个注意到这颗恒星的是"行星猎手"公众科学项目组的成员。这些业余爱好者们会用肉眼检查开普勒望远镜的数据，寻找那些被天文学家编写的行星搜寻算法漏掉的凌星行星系统。在 KIC 8462852 的光变曲线中，类似于凌星现象的凹槽看起来会随机出现，其中的一些只持续几个小时，另一些则长达几天甚至几个星期。有些时候，这颗恒星的亮度会降低1%左右（相当于最大的凌星行星可能导致的亮度变化）；但有些时候，恒星的亮度竟然会降低20%之多——没有任何人类已知的行星系统可以产生如此极端、变化如此之大的光变曲线。

因为倍感困惑，公众科学项目组的成员通知了博亚吉安，她是负责指导"行星猎手"项目的研究者之一。在2016年，他们在同行评议期刊上发表了一篇名为《流量都去哪儿了？》（Where's the Flux?）的学术论文，向全世界介绍了这颗星和它的神秘之处。博亚吉安称KIC 8462852为"WTF star"（此处为双关，WTF既是"流量在哪里"的英文缩写，也是表示极度惊讶与疑问的词语）。

谜一样的亮度变化

对于天文学家来说，天上的星星变暗本没有什么神秘之处。"成年"恒星的光通常是稳定的，但是恒星上的黑子、行星或碎屑盘在恒星上投下的影子都会规律性地使恒星变暗。但是，一颗名为 KIC 8462852，又被称为博亚吉安之星的中年恒星却无法用上面的原因来解释。

非典型：博亚吉安之星
博亚吉安之星的光变曲线变化程度非常大。有些表示亮度降低的凹槽仅持续几个小时，另一些则持续几周；有些表示亮度降低几乎难以察觉，而另一些则多达 20%。除了这些偶尔的亮度下降外，博亚吉安之星还处在持续变暗的过程中。它有可能在过去的一个世纪里整体亮度下降超过 15%。凌星行星、碎屑盘或者恒星黑子都无法解释这些现象，这使得天文学家不得不寻找奇特的解释。例如，恒星星光可能是被高级外星文明所建造的卫星群所遮挡的。

典型的光变曲线
我们可以通过光变曲线来研究一颗变暗的恒星。光变曲线是描绘恒星亮度随时间变化规律的曲线。一颗行星或一个盘发生凌星（横穿恒星与观测者的连线）现象时，光变曲线上会显示出一次亮度下降；对于行星，这种下降在它公转的每一圈都会出现。恒星黑子在光变曲线上呈现的模式则与恒星的旋转速率和活动周期有关。

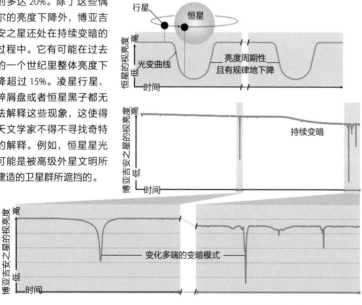

插图：Tiffany Farrant-Gonzalez

处处奇怪

博亚吉安之星的奇异之处远不止如此。在看过那篇名为《流量都去哪儿了？》的论文之后，路易斯安娜州立大学的天文学家布拉德利·谢弗（Bradley Schaefer）宣称，根据存档的数据来看，在过去的一个世纪里，博亚吉安之星亮度下降了 15% 以上。

谢弗的说法引起了巨大争议，因为恒星在数十年里亮度发生明显下降几乎是不可能的。对于正常的恒星来说，在诞生后长达几十亿年的时间里，它们的亮度基本是保持不变的。只有在恒星濒临死亡的时候，亮度才会有"快速"的变化，而这些变化的时间尺度通常也是百万年量级的，所谓的"快速"，实际上是相对于恒星正常寿命（几十亿年）来说的。而且，恒星快速的亮度变化还会伴随着其他标志性信号，博亚吉安之星也没有这些信号。根据其他已有的观测结果，它就是一颗不起眼的中年恒星。它不是一颗会规律性脉动的变星，也没有从伴星上吸积物质，同样也没有任何奇异的磁场活动，当然也并非处于早期形成期——任何一种可能导致亮度快速变化的现象，都与博亚吉安之星无关。事实上，除了亮度明显下降这点比较奇怪之外，这颗恒星毫无特殊之处。

不过，谢弗的说法得到了天文学家本杰明·T. 蒙泰（Benjamin T. Montet）和约书亚·D. 西蒙（Joshua D. Simon）的支持，后者重新检查了这颗恒星的开普勒望远镜原始数据。这些数据并不像光变曲线那样为人所熟知。他们发现，在开普勒望远镜持续观测的 4 年时间里，博亚吉安之星变暗了 3%。这个现象与短期的亮度下降一样令人惊奇。

如此看来，我们现在就要解释两个令人完全摸不着头脑的奇怪现象：恒星在至少 4 年（也可能是过去的一个世纪）的时间里持续缓慢地变暗；恒星亮度时常毫无规律地大幅度降低，持续几天甚至几周。虽然天文学家希望这二者可以有一个统一的解释，但单独一个现象都很难解释，更别说同时解释这两个了。

没有答案

有许多解释博亚吉安之星古怪之处的理论，现在我们来考虑一下那些最常被人提到的理论。我们会评判每种理论能否完美地解释观测现象，并主观地评估一下它们有多大可能是正确的。

尘埃和气体组成的盘

博亚吉安之星这种无规律的亮度变化和长期的变暗过程，年轻恒星身上也会出现。这些恒星周围一般都有星周盘存在。所谓星周盘，就是指围绕恒星旋转、被星光加热的气体和尘埃物质组成的盘状结构，行星就诞生在这个盘里面。随着行星逐渐形成，星周盘会产生一些团块、圆环和翘曲等结构。如果我们从侧向（指视线方向平行于环平面）观测一个星周盘，那么这些结构可以使恒星亮度短暂地降低；而如果这个星周盘相对于恒星还在"上下摆动"，那么这些结构便可以在长达几十年甚至几个世纪的时间里遮挡住越来越多的星光。

但事实上，博亚吉安之星是颗中年恒星，并不年轻，显然也不存在星周盘。星周盘在星光的加热下，会以红外辐射的形式向周围空间散发热量。然而，博亚吉安之星并未显现出这种红外超现象（红外超指的是某个天体发出的红外辐射比同类型天体多）。另一种可能是，博亚吉安之星周围的气体和尘埃形成的是一个向外蔓延很广的环状结构。这个环本身非常薄，以至于它遮挡住了一部分星光，但同时又没有产生太多的红外辐射。然而问题在于，在类似于博亚吉安之星这样的中年恒星附近，天文学家从未观测到这样的环状结构。要解释亮度变化，这种理论必须要假定存在一种从未被观测到的现象，因此我们认为它不大可能是对的。

一大群彗星

博亚吉安最初提出的假设是，一大群可以发生凌星现象的巨大彗星造成了这颗恒星奇特的亮度下降。毕竟，彗星在一个公转周期内，有一大半时间是远离主星运行的，再加上彗星公转轨道的偏心率普遍很大，这样就可以解释博亚吉安之星亮度的不规律变化了。那缺失的热量呢？随着彗星不断靠近博亚吉安之星，它们的温度肯定会逐渐升高；而当彗星不断远离恒星的时候，又会迅速地散失热量。因此，只有在恒星亮度下降的时候，才可以探测到红外超现象。虽然现在我们并没有探测到这种现象，但这可能是因为彗星造成的凌星是在几年前发生的，而它们现在已经远离了博亚吉安之星，温度变低，因此探测不到任何散失的热量。即便如此，要用同样的彗星假说来解释博亚吉安之星的长期变暗，所需要的彗星群将是十分巨大的。这种尺度的彗星群将不可避免地产生红外超。然而，就像之前所说的，现在没有探测到任何额外的红外辐射。

所以，我们认为彗星假说可以解释博亚吉安之星短时间内的无规律亮度下降，但是无法解释长期的变暗过程。按照常理，如果博亚吉安之星的长期变暗过程不是由彗星造成，那么其无规律的亮度下降也很可能不是彗星导致的。

一团位于星际介质或太阳系内的云

星际空间中散布着很多可以削弱星光的气体和尘埃。随着开普勒望远镜围绕太阳旋转，其视线方向也在变化。如果在望远镜和博亚吉安之星之间存在着一团由气体和尘埃组成的云，那么在不同的观测时间，望远镜的视线会穿过这团物质的不同部分，被遮挡的星光也会有所变化。如果这团云的密度梯度满足一定条件，就可以在较长时间尺度上使得博亚吉安之星的亮度持续下降；而小范围的物质聚集也可能引起比较极端的短暂亮度下降。

美国海军天文台的两位研究者瓦列里·马卡罗夫（Valeri Makarov）和阿列克谢·戈尔金（Alexey Goldin）的工作为这个假说提供了一些支持。他们认为，光变曲线上某些幅度较小的变化是属于望远镜视场中邻近恒星的。这些恒星比博亚吉安之星暗淡很多，因此这些看起来很小的变化事实上代表的是那些恒星大幅度的亮度下降。这有可能是星际空间中一大片细小而浓密的尘埃云或彗星造成的。我们认为这个假说是合乎情理的。

一个类似的假说认为，这些遮挡了星光的尘埃云有可能位于我们太阳系的外边界。如果是这样，那么开普勒望远镜绕太阳运行的轨道就会让它的视线每年都穿过一次这片区域。但是，我们并没有发现亮度下降具有任何周年性。不仅如此，我们也没有任何理由认为有这样的一团云存在。虽然人们可以设想，在距离太阳很远的地方，一个类冥王星天体上的喷泉喷出了由冰粒和水蒸气组成的云，但是如果没有行星科学家能为这个假说提供支持的话，我们只能认为它在理论上可行，但是可能性不高。

恒星自身的变化

当恒星快要耗尽自身储备的燃料时，其亮度确实会发生变化。但是计量这种变化的时标通常是百万年，而不是世纪或年；同时这种变化位于恒星生命的终点附近，并不是中间。其他自然现象，比如黑子和耀斑，也可以在短时标上改变恒星的亮度。如果博亚吉安之星的长期变暗和无规律亮度下降是由自身的物理过程引起的，那么我们就不需要用它周围的物质来解释这种亮度变化。

最近，伊利诺伊大学香槟分校的穆罕默德·谢赫（Mohammed Sheikh）和同事从统计学的角度分析了那些短暂的无规律亮度下降的中心时刻、下降深度还有持续时间。他们发现，这些参数服从连续相变的"幂律分布"（一个典型的例子是，磁铁在外部磁场的作用下重新排列）。他们认为这种分布意味着博亚吉安之星的亮度变化可能是由于它正处在自身内部转变的临界点，比如一个全球性的磁极翻转。

但没有任何一颗恒星显现过类似的活动。事实上，产生恒星磁场的发电机理论（导电的等离子体不停运动产生电流，进而生成磁场）通常只会在类似于太阳这种温度相对较低的恒星上出现，而博亚吉安之星的温度已经超出了这个范围。并且最大的问题在于，恒星磁场并不能产生我们所看到的长期变暗现象。

哥伦比亚大学的天文学家布莱恩·梅茨格（Brian Metzger）和同事与加利福尼亚大学伯克利分校的天文学家们合作，提出了一种更可行的解释：一颗行星或褐矮星与博亚吉安之星发生了碰撞。这种碰撞可以引发恒星暂时的亮度增加。因此，我们所看到的长期变暗现象实际上是恒星缓慢恢复正常亮度的过程。这种假说并不能顺理成章地解释无规律的亮度下降，也不能解释蒙泰和西蒙在开普勒望远镜原始数据中所看到的变暗过程的具体细节，但是可以将这些问题留给将来的研究去解决。

因此我们认为碰撞假说有一定可信度，但其他希望通过恒星自身亮度变化来解释博亚吉安之星的假说基本不可能成立。

黑洞

还有一些人认为，博亚吉安之星附近有一个围绕它运转的恒星级黑洞，是黑洞遮掩了星光。但这个假说在三个方面经不住推敲。第一，这样一个黑洞在绕转过程中会"拉"着博亚吉安之星产生可探测的前后摆动。但是在仔细分析过所有的数据以后，博亚吉安和她的团队并没有发现这样的摆动。第二，恒星质量的黑洞在体积上远小于同质量的恒星，因此它可以遮挡的星光也只是很小的一部分。事实上，尽管听起来违反直觉，但是黑洞极强的引力场通常会对背景星的星光产生放大作用，而不是遮挡。第三，当黑洞吞噬气体和尘埃的时候，会不断地加热这些向内掉落的物质，使得这些物质在全波段上都显得很亮。因此，如果在我们和博亚吉安之星之间有一个黑洞的话，我们看到的应该是恒星变亮的情况，而不是变暗。显然，在光变曲线上，我们并没有看到任何变亮的过程，所以，没有黑洞，对吧？

其实，倒也不是这么绝对。一个与黑洞有关的解释还可能是这样的：在我们和博亚吉安之星之间，有一个自由游荡的黑洞。假设这个黑洞周围有一个巨大盘状结构，类似于土星环，但是比整个太阳系都要大得多。而且盘靠外的部分几乎是透明的，越靠近内部密度越大。如果在过去的 100 年里，盘几乎不可见的外部区域和密度较大的内部区域依次从我们的视线上经过，那么就可以使得博亚吉安之星产生我们所看到的长期变暗现象。而无规律的亮度下降则可能源于黑洞凌星过程中盘上的环、空隙和其他结构投下的影子。因为黑洞本身并不会发出任何可捕捉的光，所以博亚吉安尝试的高分辨率成像就无法探测到黑洞和盘了。

事实上，这个解释还是稍显牵强。因为到目前为止，没有观测证据表明黑洞周围可以存在这种延伸很广的盘。但有研究者认为，超新星爆发产生恒星质量的黑洞时，可能的一种副产物就是这种盘。统计学角度的分析也表明，在开普勒望远镜连续观测的四年时间里，在它所监测的 150000 颗恒星中，至少有一颗可能会被这样一个黑洞遮挡住。因此，我们认为这个理论有一定的可信度。

外星文明巨型工程

为了解释博亚吉安之星奇特的亮度变化，我们已经考虑了一系列可能的自然原因并指出了它们的缺陷。现在，我们终于可以来探讨这个最为惊人的可能了——外星文明的巨型工程。这种工程结构类似于"戴森球"。

想象一下，一个外星文明建造了数量众多的能量收集板。它们围绕在主星周围，轨道不同，大小各异。其中一些较小的板块的总体效果就像一块半透明的屏幕一样，会遮挡一部分星光。

随着能量收集板密集和稀疏的部分在我们的视线方向上进进出出，我们就会看到恒星出现各种时间尺度的亮度变化，从几个小时至数个世纪。就像天文学家卢克·F. A. 阿诺德（Luc F. A. Arnold）曾提出的那样，某些特别巨大（甚至可能比恒星本身还大）的单体能量收集板或板块集群在凌星的时候会让恒星亮度明显下降。在光变曲线上所体现出的形状则与板块的几何构型相关。

就像星周盘假说一样，这个理论也面临着缺少红外波段辐射的问题。因为就算是外星文明的巨大工程也需要遵循基本的物理定律，所以这些结构从星光中所吸收的任何能量最终都要以热量的形式辐射出去（不论这个文明的能量利用率有多高）。因为能量不会凭空消失，所以这个文明如果收集了很多能量，那么最终也要释放掉很多。

但还是有方法可以让这个假说成立：这个外星工程可能把它所吸收的能量以射电或激光的形式辐射出去；能量收集板并不是呈球形环绕在主星周围，而是恰好形成了一个与我们视线方向平行的环；这个外星文明的技术已经先进到了我们的物理学还无法理解的地步，它们可以做到丝毫不向外部辐射热量。因为有大量的未知因素存在，所以我们很难去验证这个假说的可靠性。

如果所有与自然现象相关的假说最终都被排除，那么我们就必须要认真对待这个外星工程结构的假说。或者，如果我们在博亚吉安之星附近探测到了明显并非自然产生的射电信号，那么该假说也可以得到有力的支持。相关研究现在已经开始了，博亚吉安正在利用位于西弗吉尼亚的绿岸望远镜对博亚吉安之星进行观测。就目前来说，我们难以裁定这个最为惊人的假说是否成立，因为我们对于设想中的外星生命了解得实在是太少了，根本无法定性地评价这种解释的可信度。

未知但光明的未来

对于博亚吉安之星，我们现在了解了多少呢？

我们现在可以排除掉任何需要红外超的解释了，因为并没有观测到红外超存在；我们也应该拒绝那些需要许多低概率事件的理论，或需要我们引入从未见过的物理机制或天体的理论。

现在要做的是寻找更多的观测事实。博亚吉安现在已经成为了路易斯安娜州立大学的一名副教授，她充分地利用了大众对这颗恒星的兴趣，利用众筹的方式在拉斯贡布雷斯天文台全球望远镜网络中买到了观测时间。每天我们都会对这颗恒星进行几次观测，如果它的亮度发生下降，我们就会将其他几台正在待命的望远镜指向它。这些望远镜将会测量光谱中缺失的部分，而这可以告诉我们挡在博亚吉安之星和我们之间的物质的成分。

为了更多地了解这颗恒星长期的亮度下降情况，其他天文学家正在分析已有的博亚吉安之星亮度观测数据。如果能了解亮度下降的时标，我们就能给解释这颗恒星奇特光变曲线的理论加上更多的约束条件，这也可以指导我们如何去搜寻更多的观测线索。

我们还在等待欧洲空间局的盖亚卫星的数据，来更准确地测量博亚吉安之星与我们的距离。更精确的距离数据有助于我们排除某些假说。如果这颗恒星与我们的距离小于 1300 光年，那么星际介质中的气体和尘埃造成的消光就不能解释现在所观测到的变暗程度。如果距离超过了 1500 光年（当前最好的估计结果），那么我们所看到的长期变暗现象就有可能是我们视线方向上的尘埃所造成的。如果这颗恒星比 1500 光年还要远得多，那么它就应该比我们现在认为的要亮得多。这就意味着这种变暗现象有可能是恒星在发生并合以后回到正常亮度的过程。

除非绿岸望远镜、拉斯贡布雷斯天文台和盖亚卫星的观测给出更多的信息，否则限制我们对博亚吉安之星猜测的只有我们的想象力和物理定律。就像自然界中最好的谜题一样，探索这颗谜之恒星背后真相的旅途才刚刚开始。

土卫二：深海热泉孕育生命？

有证据表明土卫二的海洋中存在热液喷泉活动，
这使得它成为了搜寻地外生命的重要目标。

弗兰克·波斯特贝格（Frank Postberg）
加布里埃尔·托比（Gabriel Tobie）
索斯藤·丹贝克（Thorsten Dambeck）
田丰　译

位于百慕大和加那利群岛之间的北大西洋海底应该是一片荒芜。但就在这里，在海面之下近 1 千米深的地方，大自然塑造了一座海底都市，众多如摩天大楼一样高耸的石灰岩塔为成群结队的海螺、蟹类和蚌类提供了居所。这些石灰岩塔是海底热液喷泉涌出的碱性泉水析出的矿物构成的。21 世纪初期，生物学家利用海底遥控摄像机发现了这座奇异的"失落的城市"。之后，通过对这里的研究，科学家认识到，在远离阳光的地方，热液喷泉可以支撑起一个繁盛的海底生态系统。差不多同一时间，行星科学家通过"卡西尼"号土星探测器在外太阳系取得了一系列重大发

⊖ 本文写作于 2017 年。

现，其中包括土卫二冰面下的海洋中存在热液喷泉的有力证据。那么，那里是否也可能存在生命呢？

毋庸置疑，科学家一直着迷于地外生命，就算没有直接发现异星生命，地外热液喷泉活动对于他们而言也是非常激动人心的发现。表明土卫二有热液喷泉活动的证据，同样提供了土卫二上海洋成分和年龄的重要信息。如果没有热液活动的话，这些秘密可能会被永远掩藏在土卫二厚厚的冰层之下。对于那些目前缺乏热液活动证据的冰卫星（如木卫二等），科学家就很难获得这些信息。

从更基本的层面上说，土卫二有热液喷泉存在，这本身就是个有趣的谜题。对于热液活动来说，关键的要素不是水，而是热，但土卫二内部为何如此炽热是很难解释的。土卫二的直径仅相当于英格兰的东西跨度，在卫星中都不算大，不可能保留其形成过程留下的热量，因此这颗卫星内部肯定有其他热源。如果能理解土卫二产生并维持温暖内部环境的机制，我们对冰卫星及其孕育生命的潜力的认知也将得到彻底革新。

第一个线索

科学家从 2005 年开始怀疑土卫二内部可能有海洋，那是在"卡西尼"号抵达土星系统前一年。当时，"卡西尼"号发现，土卫二地质活动较为活跃的南极地区正喷出高达数百千米的云雾（主要成分是水汽和冰粒）。此后"卡西尼"号数次飞掠土卫二，发现这些云雾源自四条狭长裂缝中涌出的多个喷流。这些裂缝的温度明显高于周围地区，在"卡西尼"号搭载的红外探测器看来十分显眼。"卡西尼"项目的科学家称这些裂缝为"虎纹"，他们确认，土星环中最外围的 E 环就是由裂缝喷出的冰晶组成的。不过，绝大多数冰晶速度太慢，不会到达 E 环，它们会落回土卫二表面，就像是飘落的细雪。土卫二南半球广泛分布着高度在 100 米左右的雪堆，据此科学家推测土卫二的南极喷泉可能已经存在上千万年了。

尽管一开始科学家对解释土卫二喷流的"海洋猜想"存在争议，但经过长时间的广泛研究，土卫二内部存在海洋目前已得到了科学界公认。最近，捷克查理大学的翁德雷·恰德克（Ondřej Čadek）和合作者（包括本文作者托比）对土卫二的引力场、表面结构和自转轴变化的研究显示，土卫二冰层的厚度在赤道地区约为 35 千米，在南极地区则不到 5 千米。土卫二海洋深度约为 60 千米，也就是说土卫二海洋的水量大约相当于印度洋水量的十分之一。根据"卡西尼"号在 2009—2011 年收集的数据，本文作者波斯特贝格发现，土卫二喷出的云雾中含有氯化钠（盐），因此海洋应该呈盐碱性。这意味着土卫二的海洋很可能与该卫星的岩石核心有直接接触，并从中吸收了矿物质。

土卫二热液喷泉最关键的证据是"卡西尼"号的宇宙尘埃分析器（Cosmic Dust Analyzer，CDA）从 2004 年开始收集的数据。

当时"卡西尼"号尚未抵达土星，也还没发现土卫二喷出的云雾。在"卡西尼"号接近土星的过程中，宇宙尘埃分析器意外受到了大量高速运动的纳米颗粒的冲击。在发现土卫二的云雾后，波斯特贝格分析了CDA的数据，统计了这些纳米颗粒的大小和出现频率。他发现，这些颗粒的直径都小于20纳米，由近乎纯净的二氧化硅（石英和沙子的主要成分）组成。科罗拉多大学博尔德分校的许翔闻（Hsiang–Wen Hsu）利用数值计算追踪这些纳米颗粒可能性最高的轨道后，推断它们的来源是土星E环的外缘。而土卫二是土星E环物质的主要来源，这就意味着这些纳米颗粒很可能来自土卫二。果真如此的话，它们所含的二氧化硅就是土卫二存在热液喷泉的有力证据。

如果二氧化硅纳米颗粒的源头是土卫二，它们的来源只能是位于厚厚的冰层和海洋之下的岩石核心。在这种环境下，硅通常在矿物中与铁、镁之类的元素结合在一起，因此发现纯净的二氧化硅颗粒让人深感意外。这类矿物通过碰撞摩擦而碎裂得越来越小，的确也可能产生二氧化硅纳米颗粒。但如果是这样的话，这些颗粒应该大小各不相同，而这与"卡西尼"号所观测到的直径非常均匀的颗粒不相符。唯一可行的解释是，这些纳米颗粒应该是因流经岩石而富含二氧化硅的过饱和碱性溶液结晶形成的，这样的过程发生在深海热液喷泉处，就像地球大西洋底"失落的城市"一样。

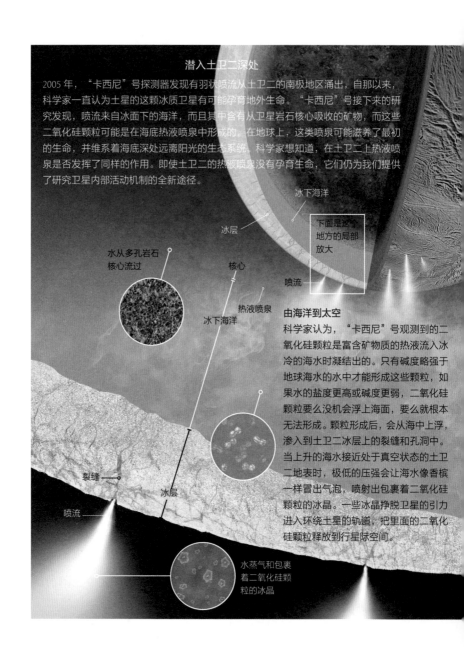

潜入土卫二深处

2005 年，"卡西尼"号探测器发现有羽状喷流从土卫二的南极地区涌出，自那以来，科学家一直认为土星的这颗冰质卫星有可能孕育地外生命。"卡西尼"号接下来的研究发现，喷流来自冰面下的海洋，而且其中含有从卫星岩石核心吸收的矿物，而这些二氧化硅颗粒可能是在海底热液喷泉中形成的。在地球上，这类喷泉可能滋养了最初的生命，并维系着海底深处远离阳光的生态系统。科学家想知道，在土卫二上热液喷泉是否发挥了同样的作用。即使土卫二的热液喷泉没有孕育生命，它们仍为我们提供了研究卫星内部活动机制的全新途径。

冰下海洋

冰层

下面是这个地方的局部放大

喷流

水从多孔岩石核心流过

核心

热液喷泉

冰下海洋

由海洋到太空

科学家认为，"卡西尼"号观测到的二氧化硅颗粒是富含矿物质的热液流入冰冷的海水时凝结出的。只有碱度略强于地球海水的水中才能形成这些颗粒，如果水的盐度更高或碱度更弱，二氧化硅颗粒要么没机会浮上海面，要么就根本无法形成。颗粒形成后，会从海中上浮，渗入到土卫二冰层上的裂缝和孔洞中。当上升的海水接近处于真空状态的土卫二地表时，极低的压强会让海水像香槟一样冒出气泡，喷射出包裹着二氧化硅颗粒的冰晶。一些冰晶挣脱卫星的引力进入环绕土星的轨道，把里面的二氧化硅颗粒释放到行星际空间。

裂缝

冰层

喷流

水蒸气和包裹着二氧化硅颗粒的冰晶

探索卫星内部

根据土卫二的热液活动，以及对其引力场、自转轴、表面结构和云雾喷流成分的观测，研究者现在对这颗卫星的内部已经有了相当详细的了解。冰面下的海洋覆盖着整个土卫二，夹在多孔的岩石核心和冰层之间，就像三明治一样。冰层的厚度在赤道地区是 35 千米，在南极则只有不到 5 千米。土卫二海洋的总水量相当于印度洋的十分之一。科学家还并不是非常清楚这颗小小的卫星是如何产生足以维持庞大海洋的热量的。

海洋能存在多久？

土卫二如果有生命存在的话，它的海洋必须持续存在相当长的时间。如果海洋是间歇性存在的，只能持续几千万年，或是在冰冻和融化状态之间循环往复，那么这颗卫星很可能无法产生生命。而海洋的寿命和维系卫星热液活动的神秘热源密切相关。科学家找出了三个可能为卫星供热的能源，每个热源都对应不同的海洋寿命。

放射性衰变

放射性同位素衰变时会释放热量。土卫二的放射性同位素丰度应该与地球相当，但它太小了，会迅速散失并耗尽放射性同位素产生的热量。如果只有这个热源，土卫二的海洋应该在很久之前就已经冻结了。

潮汐作用

土星和附近其他卫星的引力会对土卫二产生潮汐作用，使其内部变形，通过摩擦产生热量。这种过程产生的热量理论上可以让土卫二在几十亿年内保持温暖。不过，土星的引力也可能改变土卫二的轨道，使其内部产生的热量减少，使得土卫二在 100 万年或更短的时间内冷下来。

蛇纹石化

水和岩石的蛇纹石化反应会释放热量，但跟放射性衰变一样，随着岩石不断通过化学反应转化完毕，这种热量也会变得越来越少。不过，潮汐作用能够让新的岩石暴露在流经卫星多孔岩石核心的水流中，从而促进并延长蛇纹石化反应。

宜居的海洋？

在"失落的城市"和土卫二的海底，热液流经硅酸盐岩石时吸收了二氧化硅。当这些热液涌入周围的海洋时会逐渐冷却，携带矿物质的能力随之减弱，从而形成二氧化硅纳米颗粒。在这一过程中，其他分子也可能附着在纳米颗粒上，使得纳米颗粒变得越来越大、越来越重，从而沉淀到海底——只有低盐度的碱性环境才能让纳米颗粒有机会喷出海洋。纳米颗粒的大小和存在时间之间的关系，以及它们形成时的温度和化学环境，给研究者提供了一个前所未有的机会来研究土卫二的海洋环境。

在"卡西尼"号发现纳米颗粒之后，东京大学的关根康人（Yasuhito Sekine）领导的研究团队通过实验确认了纳米颗粒的形成机制，并由此揭示了土卫二海洋深处的状况。他们发现，水温等于或高于90℃、碱度高于地球海洋、盐度比地球海洋稍低是微小二氧化硅纳米颗粒能够长时间存在的理想环境。根据关根康人研究团队的实验，土卫二海洋的碱度应该在地球海洋和含氨的家用清洁剂之间。如果碱度过高，海水溶解二氧化硅的能力太强，就根本不会析出纳米颗粒；如果碱度过低，那就只有在极高的水温下，海水才能溶解足够多的二氧化硅来产生纳米颗粒。上述科学研究成果表明，如果把"失落的城市"和其他地球深海热液生态系统挪到土卫二海底的话，应该也可以存活并繁盛起来，因此土卫二的海洋看上去是宜居的。

当然，也存在这样一种可能："卡西尼"号所发现的纳米颗粒是很久以前土卫二上的热液喷泉活动形成的，现在这些活动早已停止了，因此土卫二并不宜居。不过，关根康人及其合作者的研究表明事实并非如此。根据实验和数值模型，刚刚形成的纳米颗粒平均直径是 4 纳米，之后它们仅有几个月到几年的增长时间。"卡西尼"号的宇宙尘埃分析器所收集到的纳米颗粒的典型直径是 4~16 纳米，没有超过 20 纳米的。因此这些颗粒应该是在被"卡西尼"号收集到前不久形成的，否则就应该更大一些。这是现阶段我们所能够证明土卫二存在热液喷泉的最好证据。

从深海到深空

根据此前发现的机制，现在我们可以追踪一下纳米颗粒从土卫二海底到广阔太阳系的旅程。首先，纳米颗粒在富含二氧化硅的热液涌入冰冷的海洋时形成，之后这些颗粒花费数年的时间，从深达 60 千米的海水中浮上来。

当纳米颗粒抵达海洋表层时，会进入灌注了海水的裂缝中。这些裂缝纵横交错，穿透了土卫二南极地区厚达数千米的冰层。由于海水的密度高于周围的冰，在土卫二表面 1 千米以下，携带着纳米颗粒的海水就会逐渐停止上升。不过"香槟效应"给了海水更进一步的助力。当溶解有二氧化碳的海水上升时，随着压强降低，二氧化碳会从水中析出并形成大量气泡。气泡可以把海水抬升到距离土卫二表面100米以内。

我们推测，这些海水会积聚在冰层中的孔洞里。在土卫二表面近似真空的环境下，二氧化碳和低气压的共同作用使得海水像沸腾了一样冒泡，产生海水喷雾和水蒸气。水蒸气在冰层表面的裂缝内上升。海水喷雾随着水蒸气一起被带往上层，并迅速冻结成包裹着二氧化硅纳米颗粒的微米级冰晶——就像是果仁面包一样。一部分水蒸气凝结在冰壁上，释放出的潜热就是我们看到土卫二表面"虎纹"发出的明亮红外辐射。没有凝结的水蒸气携带着含有纳米颗粒的冰晶冲出冰面进入太空，形成了土卫二的冰喷泉。

喷泉中的绝大多数冰晶落回了土卫二表面，但速度最快的那些则逃离了土卫二，形成了土星的E环。冰晶在E环中遭受电离气体的不断剥蚀，最终释放出了包裹在里面的纳米颗粒。被释放的纳米颗粒从电离气体和自由电子处获得电荷，成为土星的电磁环境的一部分。其中的一部分纳米颗粒在太阳风的作用下，速度可以达到100万千米/小时（大约相当于光速的千分之一），从而一直飞到太阳系的边缘。还有少量的纳米颗粒甚至可能进入了星际空间，在恒星之间漂流。

热源问题

这是一个优美的理论，我们也认为它相当准确。但这个理论并没有涉及土卫二的最大难题：维持海洋活动的热源是什么？这个对于液态水和生命都至关重要的热源显然不是阳光。因为土卫二接收到的阳光强度仅有地球的百分之一，这使得土卫二的表面温度接近液氮的温度。

数十亿年来，地球内部一直维持着高达数千℃的高温，其热量大约有一半来自放射性同位素铀、钍、钾的衰变。尽管土卫二内部的放射性同位素丰度与地球相当，但这颗卫星过小的体积（直径 500 千米）使得其内部热量散失的速度远高于地球。如果没有其他热源的话，土卫二应该从内到外都是冰冷的。土卫二体积小，引力也弱，因此其内部动力机制也与地球这样大的行星不同。因为土卫二内部压强较低、温度也不高，其核心中的物质致密程度有限，于是水可以通过岩石之间的缝隙流动，使得靠近卫星中心的区域也能出现热液活动。与此不同的是，地球内部压强和温度的快速增加使得水的流动被限制在地壳表层几千米的范围内。

按理说，内核的热液活动会加速土卫二的冷却，带走放射性同位素所产生的热量，从而让土卫二无法维持形成二氧化硅纳米颗粒的高温环境。不过，土卫二在放射性同位素之外还有一个可能的热源，足以解释现在的热液活动，即潮汐热。

地球海洋的潮汐活动是月球和太阳的引力拉扯导致的。与此类似，当一颗行星或卫星在非圆轨道上运动时，其内部会发生周期性的变形，从而出现潮汐加热现象。变化的引力导致行星或卫星变形，使其内部不同岩层之间摩擦并产生热量。潮汐加热对于土卫二这种内部疏松并且富含水的天体效果显著。"卡西尼"号的数据清楚地显示了土星的潮汐作用对土卫二的影响：喷泉的亮度和物质量会随土卫二的公转而出现周期性变化。很明显，土卫二冰层中可供海水喷雾和水蒸气通过的裂缝，在潮汐力的拉扯和挤压下反复张开和闭合，这种潮汐作用同样也产生了大量的热。

潮汐的变化

我们所不知道的是，土卫二今天的海洋到底是短暂存在了几千万年，还是维持了几亿年或几十亿年。答案依赖于潮汐加热持续的时间，而潮汐加热的时间又依赖于土卫二对土星和土星另一颗卫星土卫四的潮汐影响。

要理解这些天体间的潮汐相互作用，可以参考一下我们较为熟悉的地月系统，它与土星 – 土卫二系统有一些相似之处。月球会让地球产生潮汐，而土卫二对土星也有同样的作用。在地球的海洋中，潮汐的能量会随着海水与海岸和海底的摩擦而逐步耗散掉。这个效应会令地球的自转变慢，100 年以后的一天比现在的一天长大约千分之二秒，同时地球消耗掉月球的潮汐能量会导致地月距离增加大约 4 米。同理，土星内部的潮汐摩擦作用会导致土星自转速度发生微弱变化，同时令土卫二和土星之间的距离增大并使得土卫二轨道偏心率增加。更高的偏心率会导致更强的潮汐作用并在土卫二内部产生更多热量。早期的理论估算表明，土卫二在土星内部引发的潮汐作用非常微弱，将土卫二上因潮汐加热而存在的海洋的寿命限制在 100 万年以内。

最近巴黎天文台的瓦莱里·莱内（Valéry Lainey）和同事（包括本文作者托比）重新分析了土星系统中较大卫星的运动，更精确地计算了土星内部潮汐摩擦的强度。他们发现，土星内部潮汐摩擦的强度比之前模型的预测结果要高至少一个数量级。如果计算准确的话，更强的潮汐摩擦意味着土卫二的轨道偏心率可以在相当长的时间内保持稳定，从而使得潮汐效应能让海洋维持至少数千万年，而且还可能更加长久。土卫二的海洋存在的时间越长，生命在那里诞生并繁荣发展的可能性也就越大。

蛇纹石化

除了放射性衰变热和潮汐热，土卫二还可能存在另一重要热源。水渗入硅酸盐岩石时，可能会与某些矿物结合为水合物，并改变其晶格结构，释放出可观的热量。这个过程被称为蛇纹石化（serpentinization）。在土卫二富含硅酸盐的多孔岩石核心中，水稳定地循环流动，从而促使蛇纹石化过程持续进行，释放热量的功率可以达到数十亿瓦，这可能是土卫二相当重要的内部热源。只要新的、未发生变化的矿物不断与循环水流接触，热量供应就会持续下去。但是当核心全部蛇纹石化之后（时间约为数百万年），土卫二就无法再通过这个过程获得热量，如果没有潮汐热之类的其他热源，土卫二就会变冷，因此蛇纹石化过程应该无法让全球性的海洋维持足够长的时间以完成生命起源前的化学演化过程。

但是蛇纹石化过程仍有可能为土卫二内部可能存在的生物圈做出贡献。科学家发现，地球上的蛇纹石化过程为类似"失落的城市"的深海热液喷泉提供了能量。除了热量外，这类反应还可释放出氢气、甲烷和其他有机物，而这些物质是维持深海微生物生命活动必不可少的。在与世隔绝、缺乏阳光的深海生物圈中，这些微生物构成了食物链的基础。有些研究深海微生物的科学家还对生命是否真的需要阳光产生了怀疑。

20世纪80年代后期，苏格兰斯特拉思克莱德大学的迈克尔·拉塞尔（Michael Russell）和同事推测，碱性热液喷泉可能是早期地球生命最初诞生之处。尽管当时研究者尚未在地球上发现热液喷泉，但拉塞尔指出，演化出现代生命的膜结构、新陈代谢机制和自我复制机制的生命前化学过程均可能在热液喷泉环境中发生。这一猜想并未在纯学术圈之外得到重视，也没有引发什么探讨或争论。

"失落的城市"的发现让人们对拉塞尔的猜想产生了新的兴趣，使其成为了当代生命起源研究的前沿课题。现在，我们在土卫二上发现了类似的深海环境，而其他冰卫星（如木卫二）也有可能存在热液活动，这些都促使我们转变在太阳系搜寻地外生命的思路。生命不一定限定在温暖湿润的岩质行星上，它们也可能出现在更为多样的环境中，由放射性衰变、蛇纹石化或潮汐作用提供能量。土卫二和木卫二也可能仅仅是冰山的一角——木卫三、木卫四、土卫六和土卫一，甚至遥远的冥王星都有可能存在冰下海洋。对地外生命感兴趣的科学家才刚刚开始着手研究这些可能性。但现在看来，我们过去很可能大大地低估了宇宙中生命的丰富程度。

目前，我们仍不知道冰卫星内部是否真的满足生命存在的所有必要条件。土卫二的热液喷泉活动的持续时间和活动强度仍是悬而未决之谜。对木卫二内部热液喷泉的任何讨论都仅仅是猜测。美国国家航空航天局和欧洲空间局的科学家正在积极地寻求这些问题的答案，他们计划发射探测器，在 2030 年左右探索木星系的冰卫星，寻找类似土卫二的云雾喷流。为了防止地球微生物污染土卫二或其他冰卫星，"卡西尼"号完成使命后于 2017 年 9 月撞击土星，进入其大气层中自我销毁。最终，新一代的探测器将会访问土星二，就地进行观测研究——着陆、采样并把样品送回地球。虽然这样的探测计划目前仅仅存在于天体生物学家的期待和梦想之中，但也许他们不用等待太久。

寻找火星生命[一]

研究人员正在设计一种新实验，
希望借助这种实验来回答最深刻的科学问题之一：
地外生命究竟是否存在？

克里斯托弗·P. 麦凯（Christopher P. McKay）

维克托·帕罗·加西亚（Victor Parro García）

程子烨　译　　肖龙　审校

40年前，探测器第一次在火星着陆。从那时起，天文学家逐渐对火星有了很多认知。我们知道，火星表面曾经存在液态水，也知道火星和地球的早期历史很相似。35亿年前，地球上开始出现生命，那时的火星比现在温暖，有液态海洋、磁场和较厚的大气层。由于这两颗行星的相似性，我们有理由认为火星上曾经存在过生命。

事实上，据我们所知，这颗红色星球上现在仍然可能存在微生物。过去35年中，火星探测任务都集中于对火星地质的探测，而不是火星生物的探测。唯一一次例外是1976年着陆的"海

〇　本文写作于 2017 年。

盗" 1 号（Viking 1）和"海盗" 2 号（Viking 2）火星探测器，
它们进行了第一次、也是迄今为止唯一 一次对火星生命的探索。
每艘"海盗"号航天器都完成了与生物探测相关的 4 组实验，但
每组实验返回的结果都是模棱两可的数据。这两次对火星生命的
探索带给我们的只有疑惑，而并非答案。现在，我们已经知道，
即使火星上存在生命，"海盗"号探测器的实验方法也不一定能
够检测到。这意味着，对于火星上是否存在生命这个问题，答案
仍然未知。

幸运的是，最近几十年，微生物学家已经开发出很多新工
具，用来检测微生物。这些工具现在都只是用于地球微生物的探
测，但是，一旦这些仪器被今后的某次火星探测任务所采用，火
星上是否存在生命这个问题就能得到一个明确的答案。

第一次探测

"海盗"号探测任务使用了当时标准的探测技术，在火星上
寻找生命迹象。在最初的探测实验中，着陆器挖掘出火星的土壤
样品，然后向土壤中添加含碳化合物，作为可能存在的微生物的
"食物"。如果土壤中真的存在微生物，微生物就会消耗含碳化合
物，释放出二氧化碳。

事实上，"海盗"号任务确实检测到了微生物的生命活动，
就这个实验而言，似乎可以说明火星土壤中存在微生物。但与

其他几次实验的结果相对照时，研究人员却无法肯定微生物的存在。

探测器的第二次实验是寻找光合作用的证据，但得到的结果并不明确。第三次实验是向土壤样品中加水，如果有生命存在，湿润的土壤中就可能产生二氧化碳，但实验产生的物质却是氧气。这是一种非常奇怪的实验现象，至少地球土壤没有出现过这种结果。科学家认为，氧气来自于火星土壤的化学反应。

第四次实验是探测火星土壤中的有机化合物。含碳的有机物是构成生命的基石。如果火星上曾经有生命存在，我们就有可能找到这些有机物。但是，仅凭有机物并不能确定火星上曾经存在过生命，因为有机物还可能是由降落在火星上的陨石带来的。令人困惑的是，这次实验没有发现任何有机物存在的证据。

综合考虑这四次实验，实验结果难倒了研究人员。大多数科学家将最后两次实验的结果解释为由化学反应产生，但化学反应不能完全解释第一次实验的结果。虽然少数研究火星的科学家认为第一次实验找到了火星生命存在的证据，但多数人得出的结论是，火星是没有生命的。

2008 年，"海盗"号探测器着陆火星 32 年后，美国国家航空航天局（NASA）的"凤凰"号（Phoenix）探测器在火星北极地区着陆，科学家终于开始解开谜团。出乎所有人的意料，"凤凰"号在火星上检测到了高氯酸盐，这是一种地球上十分罕见的分子，其结构特点是 4 个氧原子与 1 个氯离子相连，然后连接镁离子或钙离子。当温度达到 350℃时，高氯酸盐会分解，释放活性氧和氯，因为这种特性，高氯酸盐常被用作火箭燃料。

这一发现使研究者认为，高氯酸盐很可能磨灭了那些土壤中的生命痕迹。在"海盗"号探测有机物的实验中，首先要将土壤样品加热到 500℃，让有机分子气化，从而检测以气态形式存在的有机物。但在 2010 年，由墨西哥国立自治大学的拉斐尔·纳瓦罗 – 冈萨雷斯（Rafael Navarro–González）领导的团队（本文作者麦凯就是该团队成员）发现，在加热过程中，高氯酸盐能完全氧化土壤中的所有含碳化合物。

高氯酸盐的发现也能解释"海盗"号第一次、第三次实验的结果。在第一次实验中，向土壤加入碳源后能产生二氧化碳，是因为暴露在宇宙射线中的高氯酸盐会产生类似漂白剂的化合物，这类化合物会使有机分子（如那些添加到土壤中的碳源）分解，产生二氧化碳。而在第三次实验中，之所以能在湿润的土壤中检测到氧气，是因为高氯酸盐在生成漂白剂类化合物的过程中会产生氧气，这些氧气保存在初始土壤中，当加热土壤时，就会释放出来，从而被"海盗"号检测到。这样，"海盗"号留下的这两个问题也就得到了解释。

然而，科学家在火星上发现生命的愿望仍有可能成真。2012 年，"好奇"号（Curiosity）火星车在火星表面着陆，并从那时起一直采集土壤样品。今年初，由 NASA 戈达德太空飞行中心的保罗·马哈菲（Paul Mahaffy）带领的火星样品分析团队（麦凯是团队一员）报道称，"好奇"号在盖尔撞击坑（Gale Crater）底部的古老泥岩中，检测到了有机碳和高氯酸盐。因此，火星存在有机物，只是"海盗"号的实验方法无法检测到。对于火星上的生命物质，是否可能有同样的情况？

寻找氨基酸

在"海盗"号着陆后的 40 年里，微生物技术发生了巨大变化。现在来看，"海盗"号采用的在培养皿中培养微生物的方法存在缺陷，因为只有小部分微生物能在培养皿中存活。现在，科学家已经研发出了灵敏度更高的探测技术，能够从分子水平直接检测微生物。这为开发全新的探测火星生命的方法奠定了基础。

其中最常用的是 DNA 检测和测序技术。这种方法可以通过基因克隆产生足够的 DNA 用来测序，因此不再需要培养微生物。一些研究团队正在研究提取 DNA 的方法，希望能整合到用于火星探测任务的设备上。

但是，依靠 DNA 检测来寻找火星生命的探测方法有个缺陷：尽管绝大多数地球生物都有 DNA，但地外生命却不一定。即使有，也可能与地球生物的 DNA 完全不同，以至于 DNA 检测装置根本无法检测到。

幸运的是，火星上可能存在其他的生物标志物，如蛋白质和多糖。蛋白质由 20 多种生命必需的氨基酸构成，在一些陨石中就能检测到氨基酸，因此这种物质可能是任何能产生生命的环境都具有的物质。多糖是在酶（生物催化剂）的作用下合成的糖链，这些酶本身也是蛋白质。

如果检测到复杂的蛋白质或多糖分子，那将会是证明火星生命存在的强力证据。因为从广义来说，生物体就是编码信息，并使用这些信息来构建复杂分子。与简单的非生物分子相比，这些复杂分子构成的生物系统会非常明显，正如在一片荒石中，摩天大楼会非常显眼一样。

帕罗·加西亚（Parro García）一直在研发能在火星上检测复杂分子的仪器，这种仪器基于一项技术——免疫测试，目前这种技术已用于同时检测数百种不同类型的蛋白质、多糖和其他生物分子（包括 DNA）。

免疫测试会采用一种 Y 形蛋白质作为抗体，每种抗体都会与特定类型的生物分子相结合。在免疫测试中，一种常用的方法是，把可能包含待测目标分子的溶液涂在一个抗体阵列上，其中每一种抗体都会与特定的目标分子结合。如果样品溶液含有目标分子，抗体将与之结合，这样就能识别出目标分子。

免疫测试有一个很大的优势是，抗体能够检测出比完整蛋白质更小、更简单的分子。这样，使用免疫测试的仪器就可以检测那些与生命相关的、简单的分子，如蛋白质分解后产生的小片段，而发现这些片段同样意味着火星生命的存在。

　　地球上的生物体总共含有数百万种蛋白质，我们如何从这么多蛋白质中挑选出几百个，保证一次免疫测试就能检测出来？事实上，我们无法完全保证。但是，我们可以基于以下两点，合理地推测出要在火星上检测的蛋白质。首先，我们要搜寻的蛋白质必须有利于生物体在火星上生存，或者说它们是生物体在火星上生存所必需的。例如，我们可以搜寻一些可以消耗高氯酸盐的酶，或者有助于生物体适应火星的寒冷环境的酶，或者能够修复因强烈电离辐射而损伤的 DNA 的酶。其次，我们可以将微生物界普遍存在的分子作为探测目标，如肽聚糖（peptidoglycan，所有细菌细胞壁的组成成分），或三磷酸腺苷（adenosine triphosphate，ATP，地球上所有生物体都用其传递化学能，完成代谢活动）。

　　即使像 DNA 和蛋白质这样的大分子已经被火星的恶劣环境破坏，我们仍能从分子碎片中发现生命存在的证据。关键是搜索的方式。很多类型的分子在化学结构上对称，但可能具有相反的"手性"，即分为左旋或右旋分子。地球生命的组分以左旋分子为主。如果我们在火星上发现一系列以左旋或右旋为主的氨基酸，这将是令人信服的火星上存在生命的证据。有趣的是，如果是右旋氨基酸——与地球上的相反，这将证明火星生命与地球生命是各自独立演化的。

检测火星上的蛋白质

免疫测试使用的抗体是一种 Y 型蛋白质，这种蛋白可以与特定分子结合，就像魔术贴一样，这样就可以准确地探测目标分子。一个简单的免疫测试可以探测几百种生物分子（如蛋白质）及其碎片。这种方法将用于寻找火星生命。

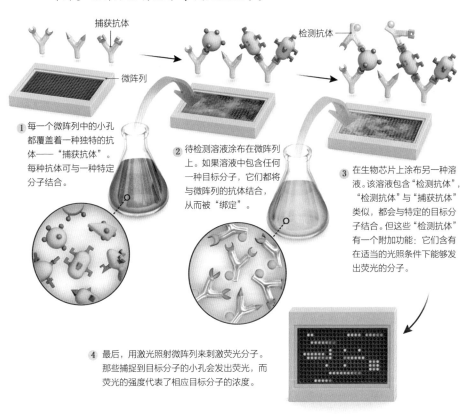

① 每一个微阵列中的小孔都覆盖着一种独特的抗体——"捕获抗体"。每种抗体可与一种特定分子结合。

② 待检测溶液涂布在微阵列上。如果溶液中包含任何一种目标分子，它们都将与微阵列的抗体结合，从而被"绑定"。

③ 在生物芯片上涂布另一种溶液。该溶液包含"检测抗体"，"检测抗体"与"捕获抗体"类似，都会与特定的目标分子结合。但这些"检测抗体"有一个附加功能：它们含有在适当的光照条件下能够发出荧光的分子。

④ 最后，用激光照射微阵列来刺激荧光分子。那些捕捉到目标分子的小孔会发出荧光，而荧光的强度代表了相应目标分子的浓度。

插图：Emily Cooper

未来实验计划

"海盗"号携带了三类生物学实验设备。我们可以设想这样一个火星探测器，它也携带三种搜索生物标志物的仪器——DNA检测仪、免疫测试芯片以及检测、识别氨基酸的仪器。这几项技术现已基本成熟，接下来的任务是要在火星表面找到保存生物标志物的最佳场所。

火星上的冰和盐能防止生物标志物受损和腐烂，而电离辐射和高温则是这些生物标志物的敌人。幸运的是，火星的低温环境使热分解现象可以忽略不计——甚至从火星诞生至今都是如此。但电离辐射会在数十亿年的时间内破坏火星地表下约一米深处的生物标志物。因此，探索火星生命的候选地点可以是火星上的冰层，如"凤凰"号着陆的火星北极，或因遭受侵蚀而有古老物质暴露在地表不久的地点。在这两种情况下，我们都需要钻取火星表层一米以下的样品。

目前准备开展的火星探测任务能够支持这种检测。欧洲空间局的"火星生物学"（ExoMars）探测器将于2018年发射，⊖它将携带取样钻机。NASA最近宣布，要在2020年发射"毅力"号火星车⊖。对于在火星赤道干旱地区的盐类和沉积物中检测生物标志

⊖ 该计划包含两次发射任务，第一次发射任务于2016年执行，第二次预计于2028年执行。——编者注

⊖ 于2020年7月发射，2021年2月着陆火星。——编者注

物这一工作，"火星生物学"和"毅力"号都能够胜任，但两个探测器都不能在极地发挥作用。

对极地生物标志物的检测，NASA 正在研发一种被称为破冰船的着陆器，这种着陆器配备一米长的钻孔仪和免疫测试设备，用以在火星上多水的北极地区寻找永久冻土中的生物标志物。

以上每一项任务都将使火星探测进入一个新时代。过去几十年的研究证明，火星曾经存在液态水，现在需要探测这个曾经含水的天体是否存在生命。如果我们在火星上发现生物分子——尤其是表征火星生命起源与地球不同的生物分子，我们将对地外生命有更深刻的认知。

正如我们已经知道的，宇宙空间中存在着众多恒星和行星，今后我们也将认识到多种地外生命的存在。我们将认识到宇宙生命的多样性。

比地球更美好的家园^一

宇宙中有许多与地球非常不同的星球，
这些星球可能是更好的生命家园。

勒内·埃莱尔（René Heller）
易疏序　译

　　我们居住在最好的行星上吗？德国数学家戈特弗里德·莱布尼茨（Gottfried Leibniz）的确这样认为。他在 1710 年写道，即使有一些瑕疵，我们的地球依然是人们所能想象的最理想的行星。莱布尼茨的想法后来被许多人嘲笑为没有科学依据的美好幻想，法国作家伏尔泰就曾在其代表作《老实人》（*Candide*）中表现出对这种思想的嘲讽。不过莱布尼茨也许能在一些科学家中找到认同者。几十年来，这些科学家一直以地球为黄金模板，寻找着太阳系外的宜居星球。

　　地球上的人们只知道一个有生命的世界，也就是我们的地

○　本文写作于 2017 年。

球，因此把地球作为寻找系外生命的模板似乎也无可厚非。比如，科学家试图在最接近地球环境的火星、木星的含水卫星木卫二（Europa）上寻找生命。不过现在，天文学家发现了一些围绕其他恒星旋转的、可能具备宜居性的系外行星，这些发现正逐渐改变着以地球为模板寻找宜居星球的思想。

过去的 20 年里，天文学家发现了 1000 多颗系外行星。统计研究显示，我们的银河系中至少有一千亿颗系外行星。迄今为止发现的系外行星中，与地球非常相似的非常少，这些行星展示出了一系列的行星多样性：它们的公转轨道、半径尺寸、组成成分都有着巨大的差异；它们围绕的恒星也千差万别，有的比太阳小很多也暗很多。这些系外行星的多样性特征提醒了我，也提醒了其他研究人员：地球可能并不算特别宜居的星球。事实上，一些和地球非常不同的系外行星可能有更高的概率形成并维持一个稳定的生物圈。这些"超宜居星球"是我们搜寻地外生命的最佳目标。

不完美的地球

地球的确拥有许多特性，乍一看，这些特性似乎为生命存在提供了理想的环境。地球围绕着一颗平静的、中等年龄的恒星运行，这颗恒星稳定地照耀着地球已达数十亿年之久。这给了地球足够的时间产生生命，并且让生命有充足的时间进化。地球有充盈的生命之源——海洋，这主要归功于地球的轨道处在太阳的宜居带中。宜居带是一片狭窄的区域，在这一区域，太阳光既不太强，也不太弱。如果行星位于宜居带内侧，行星上的水会被煮沸蒸干；如果在宜居带外侧，行星则会变成莽莽冰原。地球的大小对生命也十分适宜：它的尺寸很大，产生的引力场足够吸引住大气层，但又不会太大，所以大气层不会变得太厚而成为令人窒息的幕障。地球的大小和岩石成分还产生了其他给生命居住提供便利的因素，比如可以调节气候的地壳运动和可以保护生物圈免受宇宙射线伤害的磁场。

不过，随着地球的宜居性研究逐渐深入，科学家渐渐发现我们的世界也并非那么理想。今天的地球上，不同地区的宜居性也有着天壤之别。在广袤的地球表面，很大一部分都是不毛之地，如干旱的沙漠、贫瘠的开放海域和严寒的两极。地球的宜居性也在随时间变化，例如在石炭纪（Carboniferous Period）的大部分时期，也就是大约 3.5 亿~3 亿年前，地球的大气比现在更温暖、更湿润，而且含氧量也比现在更高。海洋中的甲壳纲动物、鱼类和造礁珊瑚十分兴盛，陆地上覆盖着大片大片的森林，昆虫和其他陆生生物的体型十分庞大。地球在石炭纪时供养的生物量比今天要多得多，这说明比起远古时期，现在地球的宜居性已经差了很多。

不仅如此，我们还知道在未来，地球将变得更加不适合生命。大约 50 亿年后，太阳的氢燃料将消耗殆尽，并在核心开始能量更高的氦聚变过程。那时太阳会膨胀成一颗红巨星，将地球烤焦。在这一悲剧发生之前，地球上的生命早已经走到了尽头。随着太阳内的氢逐渐被消耗，太阳核心的温度会逐渐升高。这使得太阳总光度（luminosity，单位时间内辐射出的总能量）逐渐增加，大概每 10 亿年会增加 10%。这种改变意味着太阳系的宜居带并非恒定不动，而是会发生变化。随着时间的推移，宜居带距离不断变亮的恒星越来越远，总有一天，地球将不再处于宜居带内。更糟糕的是，最新的计算显示，目前地球并非位于宜居带的中心位置，而是临近内边缘，接近过热区，地球位置岌岌可危。

因此，在未来 5 亿年之内，太阳的光度将增加一定程度，使地球的气候变得极度炎热，从而威胁到复杂多细胞生物的生存。大约 17.5 亿年之后，光度稳定增加的太阳将令地球继续升温，海洋开始蒸发，那些在陆地上"苟延残喘"的简单生物也将灭绝。事实上，现在的地球已经度过了宜居黄金时代，生物圈也即将面临"曲终人散"的结局。总体而言，现在的地球作为宜居星球，只能是刚刚够格。

寻找超宜居星球

2012 年，在研究气态巨行星的大质量卫星的宜居性时，我第一次开始思考，一个更适宜生命生存的世界会是什么样子？在太阳系中，最大的卫星是木星的木卫三（Ganymede），其质量只有地球的2.5%。这么小质量的天体无法像地球那样保持住大气层。不过我意识到，在其他行星系统里，卫星具有地球那么大的质量是可能的，这些卫星位于宜居带内的巨行星周围，因此可以拥有与地球类似的大气层。

这些大质量的系外卫星可能是超宜居星球，因为它们可以给星球上可能存在的生物圈提供更多样化的能量来源。地球上的生物基本依靠太阳光。与地球生物不同的是，超宜居系外卫星的生物圈还可以从旁边的巨行星辐射或反射光中获得能量，甚至从巨行星的引力场中获取能量。当卫星围绕巨行星旋转时，潮汐力会把卫星的壳层反复弯曲，产生的摩擦力将从内部加热卫星。科学家认为木卫二和土卫六（Enceladus）上存在次表层海洋，这种潮汐加热现象或许就是次表层海洋产生的原因。对大质量的系外卫星来说，能量的多样化可能是把双刃剑，因为多种能量叠加在一起，微小的不平衡就能轻易让那个世界变得不再宜居。

不过宜居也好，不宜居也罢，到目前为止研究人员还没有发现系外卫星的确凿证据。或许它们的身影已经被诸如NASA的开普勒望远镜之类的观测项目记录在案了，可能早晚会被发现。目前的情况是，对这些系外卫星的存在和宜居性的讨论，都还只是推测。

在已经确认和疑似系外行星的列表里，或许就有超宜居行星。在 20 世纪 90 年代中期，研究人员发现了第一批系外行星，它们全部是质量接近木星的气态巨行星，而且距离各自的宿主恒星非常近，不可能有生命存在。不过随着时间的变化，行星搜索技术有了很大的提高，天文学家逐渐找到一些质量更小、运行轨道更远、气候更温和的行星。近些年发现的大部分行星都是所谓的超级地球，它们都比地球重，但不超过地球质量的 10 倍；它们的轨道半径介于地球和海王星之间。事实证明，在其他恒星系中，这类行星非常普遍，但是在太阳系中却没有这样的行星，这使得太阳系看起来有点另类。

很多更大、更重的超级地球的半径表明它们有厚重的大气层，所以这些超级地球更像"小号的海王星"而非"大号的地球"。不过对于那些更小、半径是地球两倍左右的行星，其构成也许和地球类似，包含铁元素和岩石。如果它们的轨道恰好位于宜居带，那行星表面也许还有大量的液态水。我们现在知道的很多可能的岩质超级地球，都是围绕着所谓的 M 型和 K 型矮星旋转，这些恒星比太阳更小更暗，也更加长寿。我和合作者——韦伯州立大学的物理学家约翰·阿姆斯特朗（John Armstrong）最近开展了模拟工作，结果显示，从某种程度上说，正是因为轨道中心的恒星较小，超级地球更适宜生命存在，因而被认为是超宜居星球最有力的候选者。

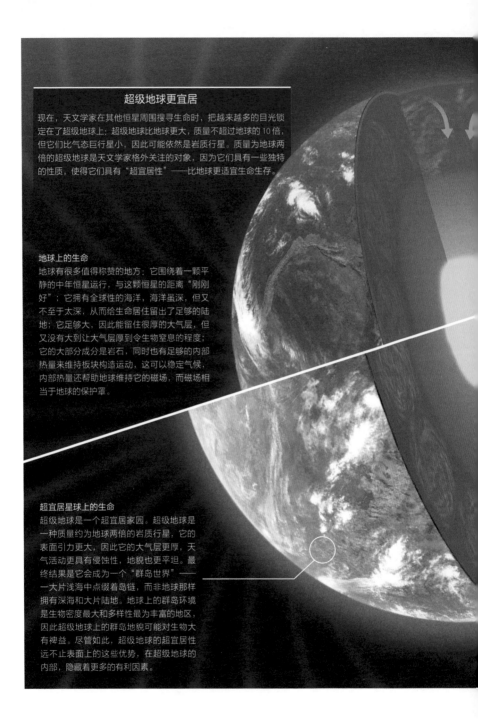

超级地球更宜居

现在，天文学家在其他恒星周围搜寻生命时，把越来越多的目光锁定在了超级地球上；超级地球比地球更大，质量不超过地球的10倍，但它们比气态巨行星小，因此可能依然是岩质行星。质量为地球两倍的超级地球是天文学家格外关注的对象，因为它们具有一些独特的性质，使得它们具有"超宜居性"——比地球更适宜生命生存。

地球上的生命

地球有很多值得称赞的地方：它围绕着一颗平静的中年恒星运行，与这颗恒星的距离"刚刚好"；它拥有全球性的海洋，海洋虽深，但又不至于太深，从而给生命居住留出了足够的陆地；它足够大，因此能留住很厚的大气层，但又没有大到让大气层厚到令生物窒息的程度；它的大部分成分是岩石，同时也有足够的内部热量来维持板块构造运动，这可以稳定气候，内部热量还帮助地球维持它的磁场，而磁场相当于地球的保护罩。

超宜居星球上的生命

超级地球是一个超宜居家园。超级地球是一种质量约为地球两倍的岩质行星，它的表面引力更大，因此它的大气层更厚，天气活动更具有侵蚀性，地貌也更平坦。最终结果是它会成为一个"群岛世界"——一大片浅海中点缀着岛链，而非地球那样拥有深海和大片陆地。地球上的群岛环境是生物密度最大和多样性最为丰富的地区，因此超级地球上的群岛地貌可能对生物大有裨益。尽管如此，超级地球的超宜居性远不止表面上的这些优势，在超级地球的内部，隐藏着更多的有利因素。

宇宙射线

核心自转
方向

磁场

永不消失的核心
一个质量是地球质量两倍的岩质超级地球，其内部
应该拥有更多的热量，这些热量来自它形成之初和
放射性同位素的衰变。这样的内部热源可以产生一
个自转的熔融的内核，并且比地球内核的存在时间
更长。自转的熔融内核会在星球周围产生强大的磁
场，保护大气层和地表免受宇宙射线的侵害。

持续不断的碳循环
超级地球内部更强的热量对流（橙色箭头）可以维
持它的火山和板块构造运动，使它们持续比地球更
长的时间。这些活动对调节星球的碳循环和气候至
关重要。火山把二氧化碳抛散到大气中，这些二氧
化碳可以保留住热量。降水会把这些二氧化碳逐渐
冲刷沉积到岩石中。板块构造可以把这些岩石输运
到行星内部。在那里二氧化碳会加热从岩石中逃逸
出来，然后通过火山活动重新回到大气中。理论模
型预言，超过3~5倍地球质量的行星，由于质量过大，
以至于板块构造活动不能进行。相比之下，两倍地
球质量的行星是更合适的超宜居家园候选者。

稳定的阳光
行星自身的性质是次要的，宜居性最重要的还是依赖于它所围绕的恒星。比
太阳更小的恒星核燃烧更有效，因此寿命比太阳更长久。它们的行星也具有
更多的时间来发展自己的生物圈并让其更稳定。微小暗弱的K型矮星可以燃
烧数百亿年之久，相比之下，我们的太阳预计寿命只有100亿年。K型矮星既
能提供足够的辐射，又能拥有很长的寿命，达到了完美的平衡。因此，K型矮
星的宜居带中的小质量超级地球，也许是寻找超宜居家园最理想的地方。

插图：Ron Miller & Jen Christiansen

长寿的益处

我们的工作基于这样一种认识：一颗长寿的恒星是行星具备超宜居特性最重要的基础。毕竟恒星死去后，行星的生物圈就无法生存了。太阳已经 46 亿岁了，大约到了预估寿命 100 亿年的一半。如果太阳的质量稍稍小一点，就会变成一颗更长寿的 K 型矮星。与大质量恒星相比，K 型矮星的燃料更少，但是它们的燃料燃烧效率更高，因此寿命更长。我们现在观测到的中年 K 型矮星比太阳要老数十亿年，在太阳"死亡"之后，它们还将继续燃烧数十亿年之久。如果 K 型矮星的行星上存在生物圈，这些生物圈的进化时间将更长，生物多样性也更加丰富。

K 型矮星的光看起来比太阳光更红，因为它的整个光谱更偏向红外光区。即使如此，其光谱范围还是可以支持行星表面的植物进行光合作用。M 型矮星质量更小，燃烧也更缓慢，寿命可达千亿年。不过由于 M 型矮星的光太暗，它们的宜居带非常靠内，这可能会让行星处于强烈的恒星耀斑或其他危险之下。综合以上两点，K 型矮星既有长寿的优势，又没有 M 型矮星因为过暗带来的危险，看起来是最有可能出现超宜居星球的地方。

现在，在一些长寿恒星的行星系统中可能存在岩质超级地球，这些超级地球的存在比太阳系还要早数十亿年。也许在太阳系尚未形成之前，这些行星系统中就已经有生命出现了。当年轻地球上的原始汤中出现第一个生物分子时，那些超宜居世界中的生物也许已经繁衍生息数十亿年之久了。

此外，远古世纪产生的生物圈可能会对其所生存的超级地球环境起到进一步改善的作用，从而提高超级地球的宜居性，就如同地球上的生物圈所做的那样，这一可能性令我分外着迷。一个有代表性的例子是发生在 24 亿年前的大氧化事件（Great Oxygenation Event），那时地球大气中第一次积聚起大量的氧气。这些氧气可能来自于海洋中的藻类。富含氧气的大气最终使得生物的新陈代谢水平朝着能耗更高的方向进化，这使得生物的体型逐渐变大，寿命更长，并且更有活力。这些进化对生物生存领域的转变——由海洋逐渐向陆地移居——至关重要。如果其他行星的生物圈对其生存的环境也表现出类似的改善作用，那我们或许可以期待，那些围绕长寿恒星的行星会随着年龄的增加而变得越来越宜居。

要想成为超宜居星球，那些围绕着质量更小、寿命更长的恒星旋转的行星，质量必须比地球的质量更大。因为行星在演化过程中极有可能经历两次灾难，而更大的质量可能会避免这两次灾难的发生。如果我们的地球围绕着一个小质量的 K 型矮星旋转并处于宜居带内，在中心恒星熄灭很早之前，行星的内部就已经冷却下来，行星的宜居性就会被破坏。例如，行星内部的热量驱动了火山爆发和板块构造运动，这些过程会向大气重新释放二氧化碳、补充大气中的温室气体。降雨会将二氧化碳从空气中剥离出来，逐渐沉积到岩层之中，如果没有这些过程的话，行星大气中的二氧化碳含量就会随着降雨过程持续地下降。最终，依靠二氧化碳来维持的全球温室效应就会慢慢消失，到那时，与地球类似的行星表面的水会全部结成冰，完全变为一个不适合居住的"冰雪王国"。

除了可能会破坏温室效应外，一个老去的岩质行星逐渐冷却的内部也会使有防护作用的磁场崩溃。地球的内部有环流的熔融铁浆，流动的融浆根据发电机理论产生了就像地球防护盾一样的磁场。行星形成时剩下的热量以及放射性同位素衰变产生的热量使行星的内核保持液态。一旦岩质行星的内部热量耗尽，其核心就会变成固态，行星的"发电机"就会停止运转，磁场也随之消失。失去磁场的保护，宇宙射线和恒星耀斑就会长驱直入，侵蚀大气层的外层，并危害到行星表面。所以，那些年老的类地行星的大气层可能有很大一部分逃逸到了太空中，更高强度的有害辐射会危及行星表面的生命。

质量是地球两倍的岩质超级地球，就没那么容易因为衰老而遭受各种灾难，其体积明显更大，内部的热量就能保存得更久。但如果行星质量超过 3～5 倍的地球质量，也会产生其他问题，比如妨碍板块构造活动。因为行星质量过大会造成地幔的压力和阻力变得非常大，星球必需的散热过程就会受阻。一个质量只有地球两倍的岩质行星的板块构造运动还可以进行，而且这类行星能将其地质活动与磁场维持更长时间——比地球长数十亿年。这样一个行星，其直径大约比地球大 25%，因此能够给生命提供比地球多 56% 的生存表面积。

当太阳变老时

以人类文明的时间尺度来衡量，一颗恒星的宜居带看起来是不变的。但是随着恒星衰老，它们逐渐变亮，宜居带也逐渐向外移动，最终，原本生机盎然的星球将变得不再宜居。地球现在所处的位置靠近太阳宜居带的内边缘；17.5 亿年后，地球会变得非常热，以至无法保存液态水。与太阳相比，那些更小恒星的光线更暗弱，也更持久。它们的宜居带在数百亿年的时间里几乎没有变化，这可能会延长它们周围行星上生命的存活时间。

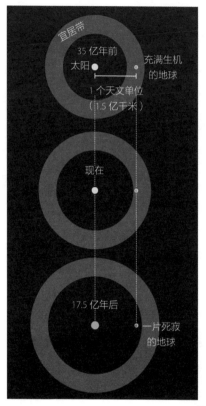

宜居带

35 亿年前
太阳

充满生机
的地球

1 个天文单位
（1.5 亿千米）

现在

17.5 亿年后

一片死寂
的地球

插图：Jen Christiansen

超级地球上的生命

超宜居星球看起来会是什么样的？对于一个中等质量的超级地球，其表面引力比地球更强，因此拥有的大气层会比地球更厚，其表面的山峰受到气候侵蚀的速度也更快。换言之，这样一个行星会有相对更浓厚的空气和更平坦的地貌。如果超级地球上有海洋的话，平坦的地貌会让海水形成大范围的浅海，浅海中点缀着很多岛链，而不是像地球这样形成浩渺的深海和几块超大的陆地。在地球上，海洋生物最丰富多样的地方是靠近海岸线的浅海，因此对生物而言，超级地球这样一个"群岛世界"可能有着巨大的优势。在独立的海岛生态系统里，生物的进化过程可能会更快，这可能会促进生物多样性的形成。

当然，由于超级地球上缺乏大陆，这种群岛地貌所能提供的陆地面积会比地球更少，对陆地生物而言，这也许会降低星球的宜居性。不过结论也不一定。地球上的陆地较大，温暖湿润的海风无法吹到陆地的中心区域，因此这些中心区域很容易形成贫瘠的沙漠。此外，一个行星上宜居区域的面积会受到其转轴倾角（行星的自转轴相对于行星公转轨道平面的倾斜角度）的显著影响。例如，地球的转轴倾角是 23.4°，这造成了四季轮替，也使酷热赤道和寒冷极地的温度差异不那么极端。与地球相比，一个有着合适转轴倾角的群岛星球可能有温暖的赤道，同时也有不结冰的温暖两极。并且由于这类星球拥有更大的尺寸和更大的表面积，比起地球的大陆地表，它们能提供更多的适宜生命居住的土地。

把所有这些影响宜居性的星球特性综合到一起，我们可以想象，一个超宜居星球应该比地球略大，围绕着一颗质量比太阳略小、光线比太阳略暗的宿主恒星旋转。如果以上结论正确的话，这一结论对天文学家将是个极大的鼓舞。因为在茫茫星海之中，比起寻找与"地球－太阳"类似的体系，那些围绕着小质量恒星旋转的超级地球更容易探测和研究。迄今为止的系外行星搜索显示，小质量恒星周围的超级地球要远比"地球－太阳"这种体系多得多，它们的身影遍布银河系。可供天文学家寻找生命的星球要远比人们之前认为的多。

说到这里，我要提一下开普勒卫星的一个重要发现——开普勒186f。2014年4月，研究人员宣布发现了这颗行星。它的直径比地球大11%，可能由岩石构成，位于一颗M型矮星的宜居带中。它的年龄也许有几十亿年，可能比地球还要老。这颗行星距离我们500光年，以目前和未来一段时间的观测技术水平来看，我们难以对其宜居性做出更好的判断。不过从目前我们已知的信息来看，这很有可能是一颗超宜居的群岛星球。

许多类似的项目也许很快就能发现那些距离更近、围绕着近邻小恒星旋转的超宜居行星，其中最著名的是欧洲空间局计划于2026年开展的柏拉图（PLAnetary Transits and Oscillations of stars，PLATO）任务。计划于2018年升空的詹姆斯·韦布空间望远镜（James Webb Space Telescope），主要搜寻目标就是这些邻近的行星系统。该项目将从几个可能是超宜居性星球的大气中寻找生命存在的蛛丝马迹。如果运气足够好，我们可能会在不远的将来指着天空中的某个地方说，那里有一个更完美的世界。